心理营养

养育心灵富足的孩子

韦志中 著

江苏凤凰科学技术出版社·南京

图书在版编目（CIP）数据

心理营养：养育心灵富足的孩子 / 韦志中著. --南京：江苏凤凰科学技术出版社，2023.7
ISBN 978-7-5713-3526-7

Ⅰ. ①心… Ⅱ. ①韦… Ⅲ. ①儿童心理学 Ⅳ. ①B844.1

中国国家版本馆CIP数据核字(2023)第075429号

心理营养：养育心灵富足的孩子

著　　者	韦志中
责任编辑	陈　艺
责任校对	仲　敏
责任监制	方　晨

出版发行	江苏凤凰科学技术出版社
出版社地址	南京市湖南路1号A楼，邮编：210009
出版社网址	http://www.pspress.cn
印　　刷	佛山市华禹彩印有限公司

开　　本	718mm×1000 mm　1/16
印　　张	13
字　　数	200 000
版　　次	2023年7月第1版
印　　次	2023年7月第1次印刷

标准书号	ISBN 978-7-5713-3526-7
定　　价	58.00元

图书如有印装质量问题，可随时向我社印务部调换。

前言 PREFACE

《中华人民共和国家庭教育促进法》自 2022 年 1 月 1 日起施行，标志着家庭教育进入一个新阶段——家庭教育上升到法律层面，对父母提出了树立好家教、好家风，依法带娃的更高要求。同时我们也看到，现代社会家庭教育仍然面临着一系列棘手的问题：一方面，有心理问题的孩子在增多，家长对于学习科学的家庭教育，提升家庭教育水平有着迫切的需求；另一方面，针对提升家庭教育能力的专业理论和技术体系还没有完全建立起来，专职心理健康工作者业务水平参差不齐，这也是目前家庭教育领域的一个真实现象。

从事心理咨询工作 24 年来，我接待了不少关于亲子教育的案例，对于孩子们所面临的心理问题，我认为可以分为以下三种：第一，发展问题。这类问题主要表现为进入青春期的孩子，缺少自我认同、自我同一性等。青春期是孩子心理发育和心理成长的关键期，如果在这个特殊的时期家长给予孩子足够的心理营养，陪伴和引导孩子顺利度过，孩子的问题就不会发展成所谓的不健康心理问题。第二，应激性问题。这类问题一般出现在特殊情境下，如转学不适应、被老师批评后受到刺激、人际关系冲突等。问题出现后，倘若家长能够及时学习科学的家庭教育知识，积极应对、正确处理，也能协助孩子化解。第三，由父母自身"制造"出的问题。例如父母自身的人格不健全、夫妻关系不和谐等，伤害了孩子的心灵，从而导致孩子出现问题。这类问题出现后，如果父母能够意识到问题来源于自身，进行自我反思，促进自身的改变和成长，孩子的问题就可以得到很好的解决。因此，家长自身的人格成长、科学陪伴能力以及问题解决能力与孩子的心灵健康发展有着密切的关系，当家长不再把孩子所面临的问题，理解为"孩子＝问题"时，事情的发展就会向好。

家庭是孩子成长和发展的第一阵地，这个阵地的指挥官是父母，父母如果投降了，孩子也会成为"俘虏"。我一直认为家庭教育中的家长需要学习三门功课：第一门是理念课，第二门是技术课，第三门是成长课。那些教育理念有问题、教育知识缺乏的家长，需要学习第一门课；那些在亲子沟通、处理问题上缺乏方法的家长，需要在第二门课上下功夫；那些情绪总是不稳定、不能做好自我管理的家长，则需要心理成长。本书创作的初衷就是为了能够帮助有需要的家长，提升以上三门功课的学分。当然，成长是不容易的，每个人都有一套自己的思想观念、一系列自认为正确的技术方法，而是否科学、是否对孩子的成长真的有益，就很难说了。因此，我更愿意读者把这本书作为家庭教育指导手册来使用，希望各位家长在开展家庭教育的过程中可以少走弯路、少踩坑。

在此，对为本书出版作出贡献的每个人表达感谢。感谢我的助理卫丽，在本书创作过程提供了全程协助。感谢江苏凤凰科学技术出版社的编辑陈艺老师，对本书的编辑提出了诸多有价值的建议，并协调沟通了本书的出版。最后，感谢叶浩生教授和姚本先教授为本书写推荐语，也万分感激他们在我的个人成长和职业发展中始终给予的支持和帮助。

韦志中
2023年5月9日

目录 contents

第 1 章
培养孩子爱的能力

1. 要有意识地培养孩子爱的能力 / 2
2. 夫妻亲热被孩子撞见，趁机普及性教育 / 6
3. 妻子嫌弃丈夫，对孩子有影响 / 10
4. 家庭暴力会传递给下一代吗 / 14
5. 单亲孩子的教养 / 19
6. 孩子过早懂事，真的好吗 / 24
7. 妈妈，请别再唠叨了 / 28
8. 孩子的问题是如何被制造出来的 / 31
9. 父母为何会对孩子下狠手 / 36
10. 孩子犯错不一定是坏事 / 40
11. 青春期的叛逆，大有来头 / 45
12. 青春期孩子需要分层教养 / 50
13. 别错将"内疚教育"当作"感恩教育" / 54

第 2 章 给孩子建立安全感

1. 有安全感的孩子，内心更强大 / 60
2. 孩子经常咬指甲，怎么办 / 64
3. 父母应做好三种陪伴 / 69
4. 孩子不敢一个人睡 / 74
5. 孩子转学不适应，该如何开导 / 78
6. 当孩子说"我不想上学" / 82
7. 夫妻离婚要不要告诉孩子 / 86
8. 父母教育理念不同会影响孩子成长 / 90
9. 千万不要拿孩子攀比 / 95

第 3 章
点燃孩子的价值感

① 孩子有了自我价值感，心中才会有力量 / 100

② 控制型父母带给孩子的是伤害不是爱 / 104

③ 如何化解与孩子的矛盾和误会 / 109

④ 孩子随口一句"活着没意思"，
父母慌了 / 114

⑤ 孩子有自杀心理，父母该怎么做 / 118

⑥ "表扬"和"鼓励"，有着惊人的差别 / 122

⑦ 孩子因抑郁症休学，这样做能帮到他 / 126

第4章 培养孩子独立、自信的人格

❶ 独立、自信的孩子自然强大 / 132

❷ 有网瘾的孩子需要父母的爱 / 135

❸ 孩子不愿在学校排大便 / 140

❹ 孩子做事拖拉，父母应少指责 / 145

❺ 孩子不喜欢整理自己凌乱的房间 / 150

❻ 如何培养孩子的责任心 / 155

❼ 唤醒孩子学习的内驱力 / 160

❽ 正确看待孩子成绩起伏 / 165

❾ 孩子为什么不爱学习 / 169

第 5 章
增强孩子与别人连接的能力

❶ 帮助孩子与世界连接 / 174

❷ 孩子喜欢宅在家里怎么办 / 178

❸ 怎么听，孩子才愿意说 / 182

❹ 孩子早恋，父母这么做才科学 / 186

❺ 当孩子有情绪时 / 190

❻ 怎么说，孩子才愿意听 / 194

第1章

培养孩子爱的能力

培养孩子爱与被爱的能力，对他们的成长有着重要的意义。当孩子学会爱，能让孩子拥有同情心、爱心、感恩之心等，孩子会变得更加坚强和善良。当父母能够通过点滴小事不断给予孩子爱的示范与引导时，一粒粒爱的种子会在孩子的心中生根发芽，不断成长为爱的力量，使其个性和品格得到全面发展。

1 要有意识地培养孩子爱的能力

我们内心的孤独和悲伤等负面情绪，都源于我们无法感知到爱与被爱，简而言之就是失去爱的能力。爱的能力包括爱他人的能力和被他人爱的能力。爱既是一种双向的给予和得到，又是一种相互的关心和信任。心理学家珍妮·西格尔曾在她的著作《感受爱：在亲密关系中获得幸福的艺术》中说："无论多大年龄，我们都可以了解新的方法、学习新的技能，让自己有能力感觉被爱，也有能力让他人感觉被爱。"所以，父母一定要有意识地培养孩子爱的能力。

❋ 父母爱的误区

家庭应该是一个充满爱的场所，也是彰显爱的能力最突出的地方。父母对孩子的爱，让孩子得以健康快乐地成长，孩子在爱的氛围中，能够形成自尊自信的良好品格，拥有足够的安全感和价值感，建立良好的人际关系。同时，孩子对父母的爱，也会让父母感受到温暖与幸福，让父母的生命趋于完整。

现实却比较遗憾，关于如何去爱孩子，不少父母存在误区，有的父母成了孩子的"保姆"，大活小活都不让孩子插手，用服务来表示自己的爱；有的父母成为"焦虑者"，经常抓住孩子的小错误一顿整治，害怕孩子走上歪道；有的父母成为"路人"，对孩子的行为不管不问，美其名曰不干涉孩子；有的父母成为"霸主"，把自己的梦想强加在孩子身上，不允许孩子有丝毫的反抗……

父母爱的误区

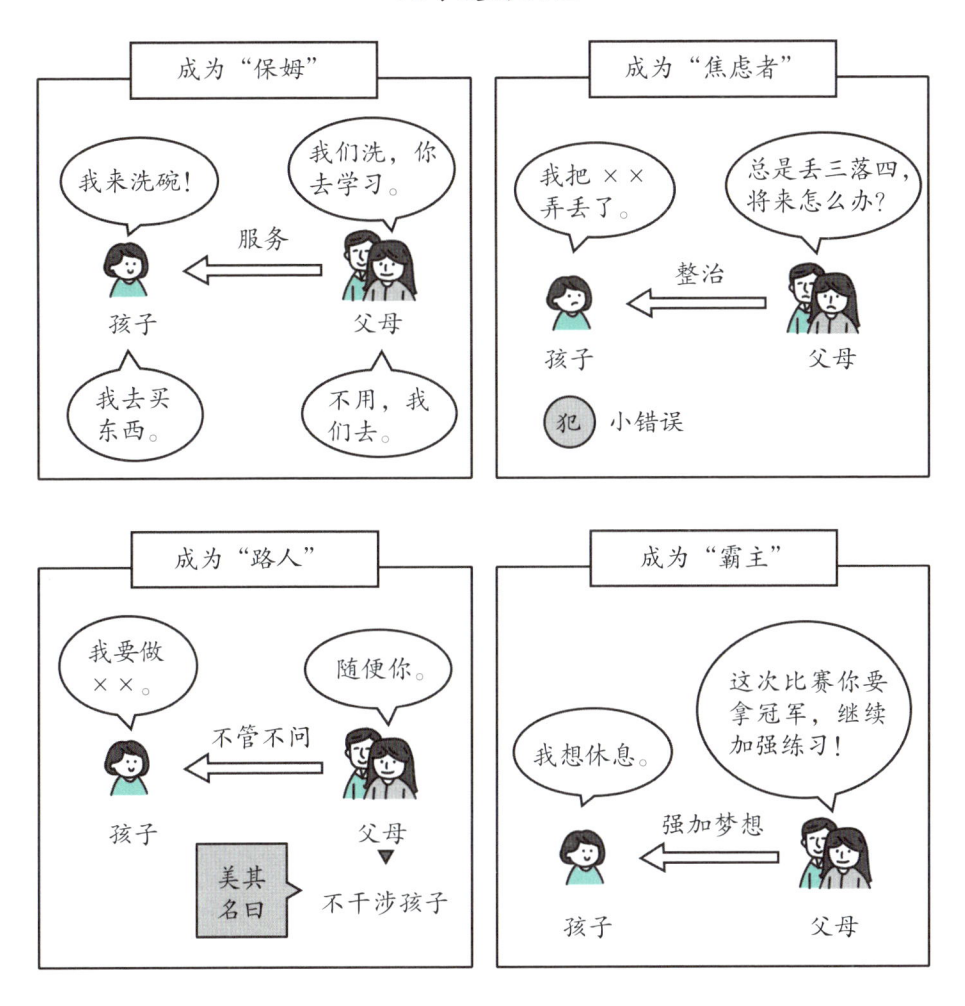

成为"保姆"

- 我来洗碗！
- 我们洗，你去学习。
- 我去买东西。
- 不用，我们去。

孩子 ← 服务 ← 父母

成为"焦虑者"

- 我把××弄丢了。
- 总是丢三落四，将来怎么办？

孩子 ← 整治 ← 父母

犯 小错误

成为"路人"

- 我要做××。
- 随便你。

孩子 ← 不管不问 ← 父母

美其名曰 不干涉孩子

成为"霸主"

- 这次比赛你要拿冠军，继续加强练习！
- 我想休息。

孩子 ← 强加梦想 ← 父母

　　父母错误的行为会给孩子误导，让孩子误以为父母不爱自己。如果孩子感受不到爱，感受不到父母无条件的接纳和尊重，就会丧失安全感、归属感和价值感。长此以往，孩子会对父母不管不顾，缺乏感恩之心，或者用各种不恰当的方式希望得到父母的关注，从而赢得父母的爱。

爱是孩子的天性

儿童学研究表明，爱是孩子的天性，孩子天生善良且有同情心。婴儿在一岁前就会对别人做出情感反应，如遇到有孩子哭，他会一起哭；两岁的孩子在看到别人哭时，会拿自己喜欢的东西去安慰；五六岁的孩子会懂得怎样安慰正在哭泣的同伴……这些都是孩子爱的自然表现。

为何部分孩子的爱在逐渐丢失？因为父母没有明白一个事实：不是你心里觉得爱孩子，孩子就能感受到你的爱。爱是一种能力，需要好好学习才能懂得怎么去爱，才能在爱孩子的同时让孩子感受到爱。

唤醒孩子爱的能力

以身作则。父母是孩子的第一任老师，也是孩子重要的模仿对象。父母在对孩子进行爱的教育时，应秉持"以身作则"的原则，做好爱人的表率。如果父母缺乏对生活、对他人的爱，就无法给予孩子真正的爱。礼让老年人，帮邻居拎重物……这些爱的行为会给予孩子爱的引领，在父母的言传身教中，孩子爱的能力也会得到很好的培养。

倾听和理解孩子。爱急不得，也快不了。父母要用心了解孩子行为背后的原因，关注他深层次的需求。当孩子有情绪时，父母要注意倾听和理解孩子的感受，引导他面对自己的内心，尝试自己发现并解决问题。这样孩子才能够体会到被重视，被尊重，才愿意敞开心扉和父母沟通。

父母少说话、少建议、多沟通、多倾听，才是真正地爱孩子，才能给孩子更大的能量去拥抱未知的未来。

把爱的机会给孩子。很多时候，大人以爱的名义剥夺了孩子爱的机会和权利，例如父母包办了一切，家务活根本不让孩子插手。其实父母不明白，如果不让孩子干活，孩子就没有参与感，好像是这个家的局外人，久而久之，孩子对这个家就不会有太多的感情和关注，性格也可能变得孤僻自私。真正爱孩子的父母，要在孩子面前适当表现得弱一点，给孩子可发

唤醒孩子爱的能力

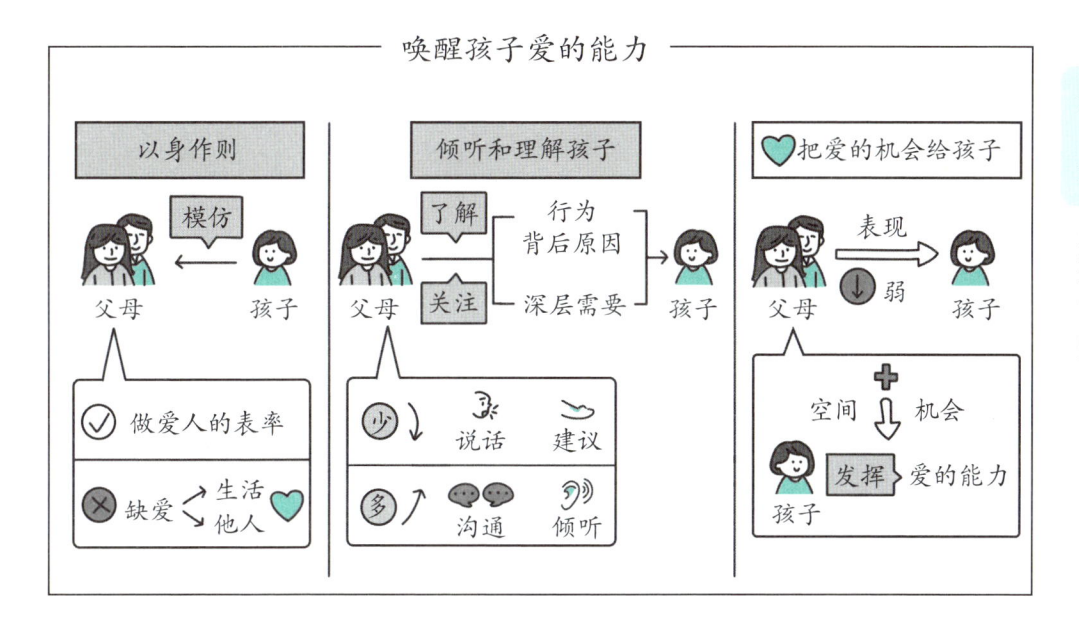

以身作则	倾听和理解孩子	把爱的机会给孩子
父母 →模仿← 孩子	父母 了解/关注 → 行为背后原因/深层需要 → 孩子	父母 表现↓弱 孩子
✓ 做爱人的表率 ✗ 缺爱 ⇄ 生活 他人 ♡	少：说话、建议 多：沟通、倾听	空间 + 机会 ↓ 孩子 发挥 爱的能力

挥的空间和机会，孩子爱的能力就能充分发挥出来。

"孩子的心是块空地，种什么长什么"。父母就从此刻开始，审视自己的言行，修正自己的不足，在孩子的心田中播种爱、培养爱。相信孩子在爱的浸润下，个性品质和自身潜能都能得到很好的发展，孩子的未来也会更加灿烂夺目！

2 夫妻亲热被孩子撞见，趁机普及性教育

在一项网络调查中，有80%的人承认，在自己年幼时期，曾目睹过父母行房的尴尬经历。如果这个统计结果具有普遍参考意义，目睹父母房事，就可以当作孩子最初的性启蒙。对于父母来说，不小心被孩子撞见性生活，的确挺尴尬的，但父母对性避而不谈的态度，是需要突破的。

❈ 性教育要尽早开始

对于很多父母来说，如何系统地对孩子进行性教育，始终是一个困惑而尴尬的问题，但是随着儿童性侵事件频频登上新闻，让我们看到性教育已到了不容忽视的境地。当孩子撞见父母行房时，父母可以趁机对孩子普及性教育。

儿童性教育学者强调：孩子的性教育越早越好。在孩子2～3岁的时候，父母就要教会孩子认识身体，如胸、腰、腿、生殖器官等，让孩子逐步认识到男孩与女孩的区别。青春期是一个人的生理与心理趋于成熟的重要时期。这一时期两性特征逐步凸显，生理发育趋向成熟，生殖器官的发育和生殖功能趋向成熟。月经初潮和首次遗精是青春期开始的主要标志。

有调查显示，50%的女生和16%的男生对青春期出现第二性征感到害羞、不安和不理解，但是关于性知识，很少人能从家庭教育中获取，他们更多的是从网络媒体上获得，且知识良莠不齐，非常不利于青少年身心健康发展。

当然，性教育不单单是生殖器官的教育，还包含了成长与发育、生命教育、性别教育、亲密关系等。接受过性教育的孩子，在亲子关系和亲密

关系中，将拥有更多平等和开放的交流，更能够识别性别歧视和反抗暴力，对他人也更加包容。作为父母，我们要充分利用机会对孩子进行性教育，积极引导孩子树立正确的性观念。

性教育要尽早开始

正面应对，不要回避

行房时如果不小心被孩子撞见，父母首先要赶紧停下来，并尽量用被子遮挡住身体，不让其裸露，然后询问孩子看到了什么，根据孩子的回答来进行下一步的应对。

大多数不满 6 岁的孩子，其实并不了解性行为是什么，他们更多的是好奇爸爸妈妈到底在干什么。这个时候，父母可以用简洁易懂的语言，讲述爸爸妈妈为何会抱在一起，适当给孩子灌输一些男女身体差异的知识，正面回应孩子的疑问，但不要解释得过于详细。

如果孩子年龄已超过 10 岁，在性方面也有初步的认识，这时父母就要认真做好科普了。父母可以告诉孩子，这是爸爸妈妈表达爱的方式，每个孩子都是父母通过这种行为才来到这个世界。同时告诉孩子这是父母的隐私，希望孩子能保守这个秘密。

有些好面子的父母，觉得被孩子撞见后丢了面子，非常尴尬，就训斥孩子，这种错误的做法会直接影响孩子对性的认识。另外，夫妻之间也要避免相互指责埋怨，不要加重孩子的自责。同时两人也要吸取教训，避免这种尴尬的事情再次发生。

正面应对，不要回避

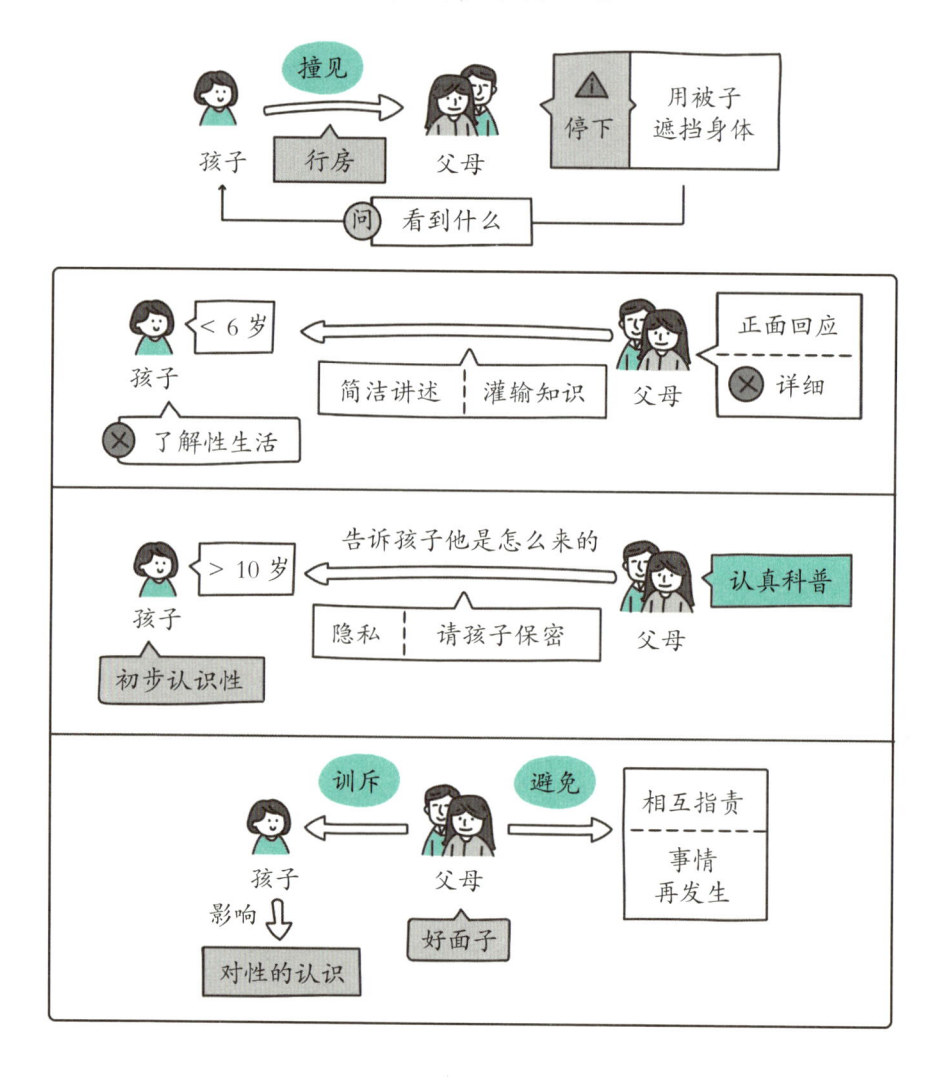

❋ 告诉孩子表达爱的方式

有些父母担心孩子看到行房后会去模仿，此时父母可以把自己的担心告诉孩子，让孩子知道人与人表达爱意的方式是不一样的。夫妻之间会通过亲吻、拥抱、做爱等方式表达爱，性是爱情中重要的组成部分；亲子之间可以通过照顾、拥抱、牵手来表达爱；朋友之间会通过牵手、游戏、陪伴来表达友好。父母要让孩子知道，他们年龄尚小，还不能尝试夫妻表达爱的方式，等他们长大以后遇到爱的人，才可以进行。

青春期的孩子会对异性产生好奇和依恋，偶尔也会有性冲动，此时父母切莫压抑、打压孩子，可以教他们如何应对、宣泄和升华，还要告诉孩子如何与异性和谐相处，如何进行必要的自我保护等。孩子对知识的掌握是循序渐进的，父母要提前预防孩子因一些错误的示范和认知，在未来的成长中酿成悲剧。

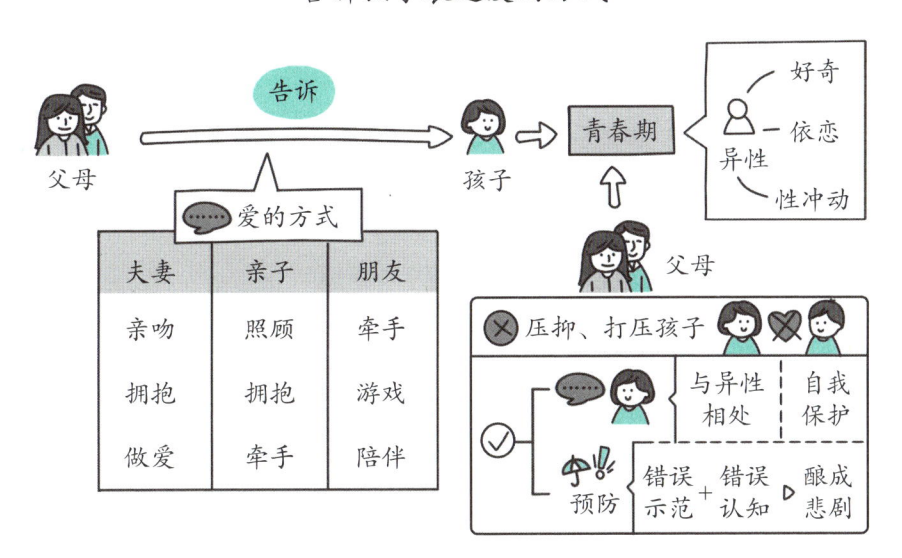

告诉孩子表达爱的方式

3 妻子嫌弃丈夫，对孩子有影响

好的夫妻关系，是父母送给孩子最好的礼物。一个家庭结构是否稳定，夫妻之间是否相爱，直接影响到孩子的身心发展。如果夫妻关系是扭曲的，就算孩子能分别从爸爸妈妈那里得到关爱，孩子的内心也会充满恐惧与不安。如果一个妻子总是嫌弃自己的丈夫，那对孩子的影响更是可怕。

❋ 产生对爸爸的矛盾心理

妻子对丈夫进行数落、讽刺时，孩子在一旁耳濡目染，他也会以相同的态度对待爸爸，孩子潜意识会认为爸爸是软弱无能的，不自觉地疏远爸爸，甚至内心充满恨，但是孩子又不能真正断绝与爸爸的关系，他还强烈希望与爸爸建立良好的关系。为了靠近爸爸，他会偶尔做出与爸爸相同的行为

产生对爸爸的矛盾心理

妈妈 —数落+讽刺→ 爸爸

耳濡目染

孩子 表面：相同态度

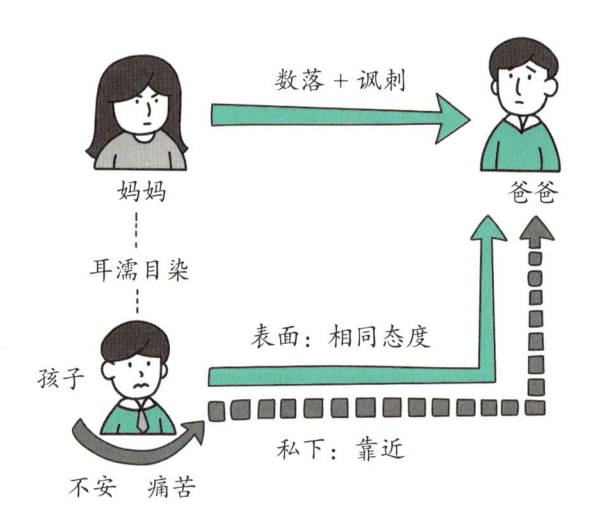

不安 痛苦 私下：靠近

来引起爸爸的注意，他单纯地以为只要做相同的事，他和爸爸就是一体的。尽管这一行为不被妈妈允许，孩子表面上会依从妈妈，但是私底下仍会向爸爸靠近。这种矛盾的心理会让孩子很不安，他会焦虑、自责、孤僻，也可能会有自虐行为，甚至会仇视父母，觉得这一切都是父母造成的。当然，他会伪装自己，不让父母和周围人发现异样。这类孩子的内心往往会很痛苦，严重者还会患上心理疾病。

影响孩子的性格

孩子性格的形成虽有遗传的因素，但更多是受家庭氛围和父母的影响。孩子从小生活在父母关系差的家庭氛围中，会敏锐地察觉到自己的父母和其他同学的父母不一样，自己也和别人不一样，从而导致孩子在性格上趋于不稳定、内向、自卑，感情上较为冷漠、压抑，他表面上想逃避不良的氛围，但内心又十分渴望得到父母的关爱。

由于孩子自卑和敏感，对生活中的一些小事都会比较在意，他常常用猜疑和不信任对待周围的一切，甚至对别人的好意产生误解和挑剔。有些孩子心事比较重，还会觉得"父母不和"是由自己造成的。

影响孩子的性格

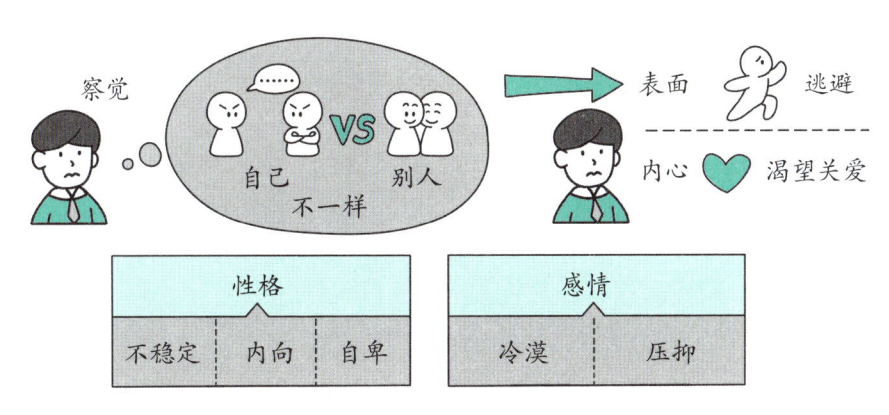

❀ 受到父母相处模式的影响

父母的相处模式，是孩子最开始接触和了解爱情与婚姻的入口。心理学家诺费奥曾做过一个调查，发现夫妻关系对孩子的影响远高于亲子关系对孩子的影响。相对那些夫妻关系不好但亲子关系好的家庭，其子女的婚姻失败率是夫妻关系好但亲子关系不好的家庭的三倍。

如果夫妻感情和睦，这个家庭就如拥有定海神针一样稳定。一旦夫妻关系出现问题，例如妻子总是嫌弃丈夫，孩子从小接受和习惯父母的这种相处模式，就会认为那是正确的，等将来自己结婚后，也会用同样的模式去经营自己的婚姻，对今后的另一半横加指责，成为下一代的强势父母。

受到父母相处模式的影响

妻子嫌弃丈夫 VS 夫妻和睦

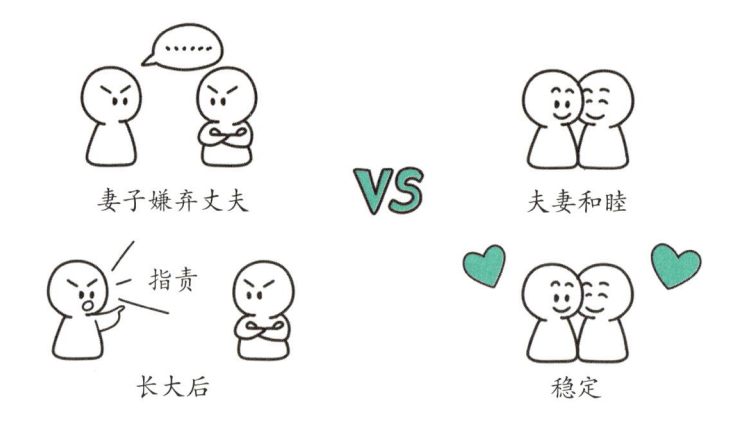

长大后 指责 　　　　 稳定

❀ 给孩子最好的爱

所有家庭关系中，夫妻关系排第一位。父母养育子女就像树根滋养枝叶一样，父母相亲相爱，才能给孩子一生富足的能量。

真正美好的亲子教育，就是父母永葆活力的幸福婚姻。父母都希望子女幸福，而对孩子来说获得幸福最好的课程就是"言传身教"，以父母为榜样。爸爸妈妈相互尊重，相互支持，相互理解，孩子能从日常生活中感受和谐的家庭氛围，感受父母之间美好的感情，然后从父母身上学到各种爱的能力，最终拥有幸福的未来。

给孩子最好的爱

1. 夫妻关系排第一位

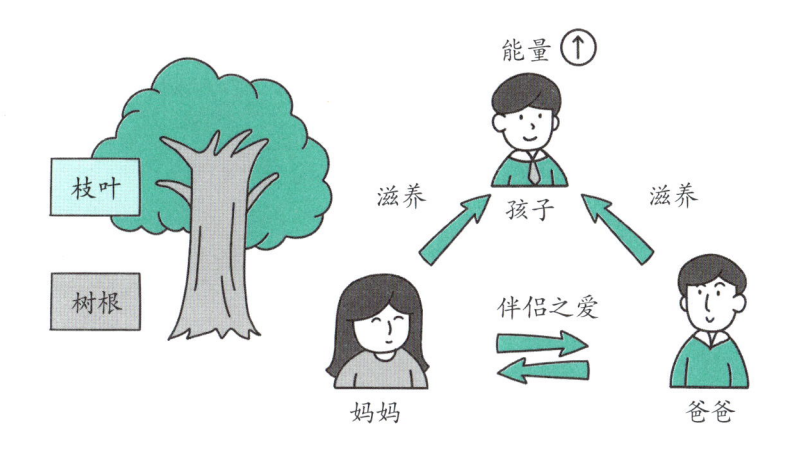

2. 永葆活力的幸福婚姻

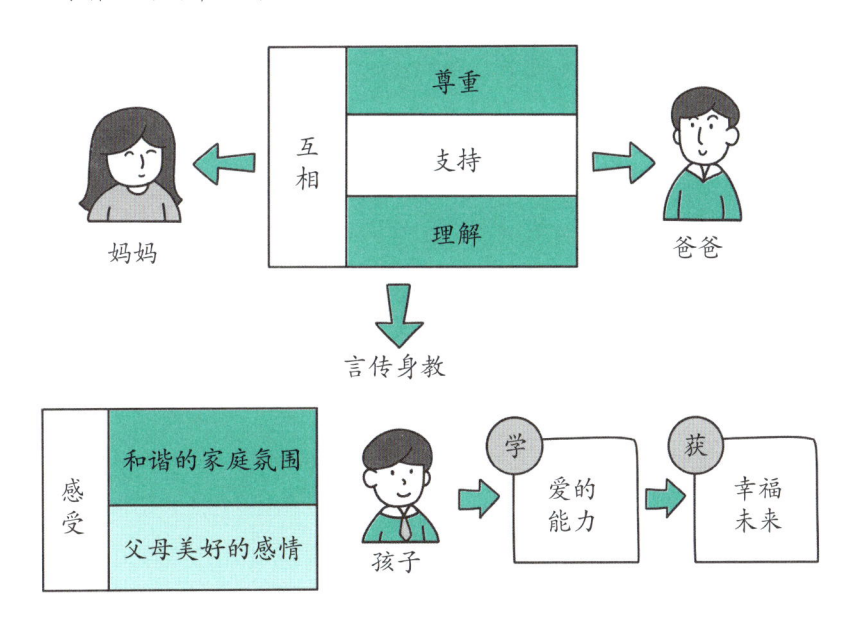

4 家庭暴力会传递给下一代吗

父母是孩子的第一任老师。孩子自出生起就有了模仿能力，并模仿他身边最亲近的人。他会模仿父母走路、说话、做事等。如果孩子从小生活在有暴力冲突的家庭，孩子很容易受到影响，会把暴力行为当作是家庭生活的一部分，进而进行模仿和学习。

关于暴力的咨询

最近我接到一个咨询个案是关于学校暴力的。一名一年级的小学生和同学起了冲突，争执期间这名小学生居然抢起板凳砸向对方的脑袋，当时对方就鲜血直流，昏倒在地。周围的同学看到这一幕都恐慌不已，大喊"出人命了"。学校老师和校长对这件事很重视，他们都觉得这个孩子有暴力倾向，应该看看心理医生。

当我第一次看到这个孩子时，他显得很慌乱，手足无措。我和他简单交谈后，了解到原来他也是暴力的受害者。他的父母经常因为一些小事打他，例如吃饭没吃完、吃饭发出声响等。久而久之，这个孩子就会模仿父母，用暴力来解决冲突。

波波玩偶实验

心理学家阿尔伯特·班杜拉认为，人的行为，特别是复杂的行为主要是后天习得的，习得的方式主要是观察学习（或者叫"模仿学习"），他用实验验证了这一观点。

班杜拉从一所幼儿园挑选了36名男孩和36名女孩作为研究对象。这些孩子的平均年龄为4岁。为了保证实验不受干扰，他还对这些孩子进行攻击性的测验，专门咨询孩子的老师，具体了解孩子对身体攻击、语言攻击和物体攻击的情况。

排除孩子受到的攻击干扰之后，他把这些孩子平均分为三个组，一个对照组，两个实验组。三个组的孩子分别被安排进活动室。对照组的孩子可以在活动室随意玩玩具，没有成人做引导，而两个实验组的孩子均有成人做引导。

第一个实验组，成人和孩子一起在活动室，他们面前有拼图、木棍，还有一个1.5米的玩偶，实验者告诉孩子，这些玩具是给成人玩的。成人刚开始玩的是拼图，一分钟后，就开始用木棍用力敲打玩偶，拽它的鼻子，打它的头，把它用力扔向空中，落地之后再拳打脚踢。同时一边打一边放狠话：打爆它的头、摔死它等。持续10分钟之后，对玩偶的攻击结束。

第二个实验组，成人的表现明显不同，他一直坐在角落中玩拼图，没有任何的攻击行为。

随后，三个组的孩子被安排进另一个活动室，这里的玩具有两种：一种是无任何攻击性的玩具，如画笔、纸张、小卡片等，这是对照组先前玩的玩具；另一种则是拼图、木棍、高大玩偶，和两个实验组的孩子之前见到的一模一样。实验者通过单向玻璃来观察孩子的表现。

结果发现，第一个实验组的孩子表现出明显的攻击性，男孩平均有38.2次模仿攻击行为，女孩平均有12.7次，而在语言攻击上，男孩平均有17次，女孩平均有15.7次。对照组和第二个实验组则没有任何的攻击行为。

随后，班杜拉又把成人换成电影和动画片，结果发现，成人的影响力最大，其次是电影和动画片。

通过这个实验，班杜拉得出，人类的攻击行为是通过观察和模仿学来的。
那些从小生活在暴力环境中的人，即便自己意识到这一点并努力改变，但潜意识里还是习得了这种暴力行为。

暴力的代际传递

代际传递主要指孩子的各种行为和父母有一定的相关性，就是在父代和子代之间的一种传递。代际传递，可以传递优质的身心特征和社会特征，也可以传递一些不良的身心特征和社会特征。

父母是孩子成长的模仿对象，好的行为他会习得，坏的行为也会传递给孩子，如"虎父无犬子，将门无弱兵""有其父必有其子""上梁不正下梁歪"都是这个道理。如果父母的暴力没有受到惩罚，这种暴力将持续影响孩子。孩子在长大之后也会表现出类似的思维方式和行为方式。

代际传递

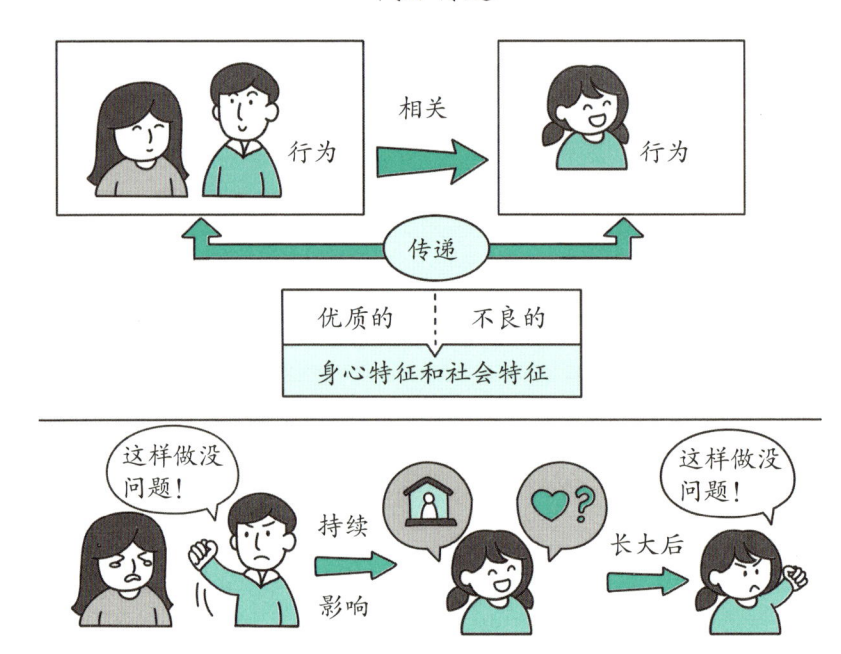

值得我们重视的是，成人很多痛苦的根源很大程度上来源于原生家庭。如果童年时的伤害没有得到疗愈，成年后的我们会依然陷入这个伤害中，并且越陷越深。在家暴环境成长的孩子容易缺少安全感，缺少爱，加上父母给他进行了错误的示范，孩子就会在无形中习得这种暴力行为，以求获得安全感与爱。

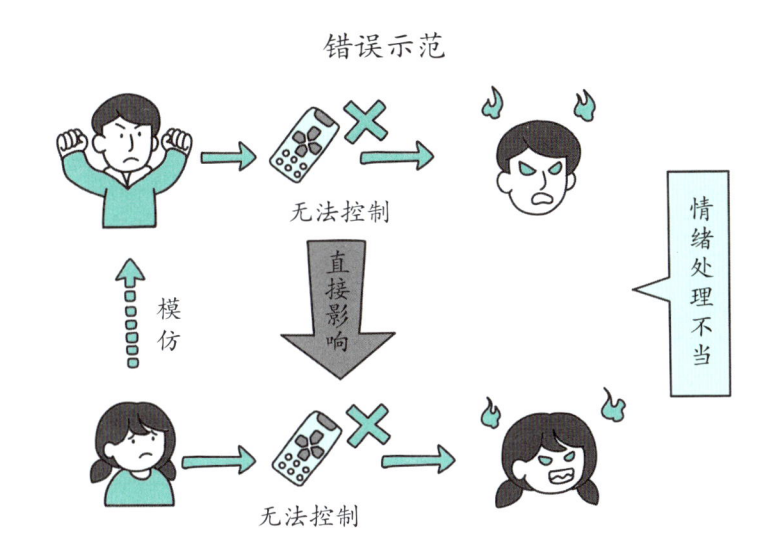

错误示范

❈ 情绪管理

作为父母，我们如何避免把家庭暴力传递给孩子呢？在我看来，关键是要做好情绪管理，不施暴，给孩子正确引导。

其实每个家长都想做个好爸爸、好妈妈，然而当怒火爆发的时候，却没法控制自己的情绪。作为孩子最亲近的人，我们的情绪与行为都直接影响到孩子。孩童时代正是孩子模仿学习的高峰期，如果我们对自身情绪处理不当，那么也会直接影响孩子对情绪的处理。

关于情绪管理，我们应从无条件接纳情绪开始。情绪本身没有对错，有对错的是表达情绪的方式。无论我们产生何种情绪，都应该选择去正视、关注和体验它，从中寻找有建设性的解决方案，而不是一直精神内耗，陷入否定、压抑中。

接纳情绪之后，我们要做的就是找到适合自己，而又不伤害伴侣或孩子的人格尊严和身心健康的表达方式，比如说，我们想哭的时候就哭一会儿，找朋友倾诉、阅读、看电影等。

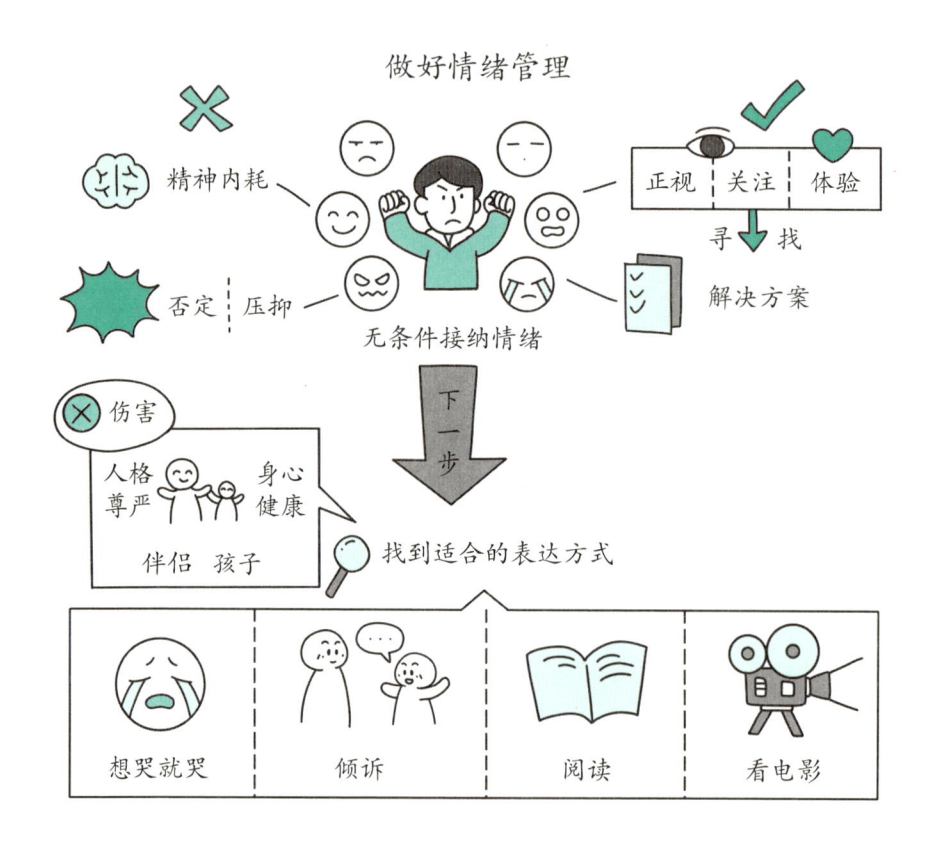

做好情绪管理

精神内耗 · 否定 | 压抑 · 无条件接纳情绪 · 正视 | 关注 | 体验 · 寻找 · 解决方案

伤害：人格尊严、身心健康、伴侣、孩子

下一步

找到适合的表达方式

想哭就哭 | 倾诉 | 阅读 | 看电影

5 单亲孩子的教养

不幸的婚姻对于夫妻双方来说都是痛苦的，但离异家庭的孩子所受到的身心创伤，可能比离异的父母更为严重，他们常常感到孤独、忧虑、失望，往往心情浮躁、性格孤僻，甚至可能出现社交障碍。在不得不成为单亲家庭后，父母应该如何教育孩子成为首要问题。

积极正向的解释

离异是既定的事实，父母必须正面面对，迅速调整好自己，平静地告诉孩子关于父母离异的事实，鼓励孩子勇敢面对。另外，除非有特殊原因，最好不要阻止孩子与亲生父亲或者母亲见面，因为他需要父母双方的关爱。

父母应尽最大的努力对孩子负起责任，让孩子在爱中健康长大。当孩子看到其他小孩都有父母陪伴，而自己没有，他就会觉得自己跟其他人不一样。这时，父母要告知孩子，虽然父母离异了，但他永远不会失去父母对他的爱。父母要给孩子足够的安全感，这一点很重要。当父母的解释是积极的、正向的，相信可以给到孩子安全感。

有一位成功人士曾说，他小时候在学校里，同学说他是被爸爸妈妈抛弃的，他的养父养母给他开了一个家庭会议，向他讲述："你不是别人不要的，是我们特别喜欢你，把你要回来了。"因为养父养母给了他积极正向的解释，所以他在小时候就构建了一个积极观念："我不是被抛弃的孩子，我是优秀的孩子，养父养母他们喜欢我。"积极正向的解释让孩子在面对有压力的外界环境时，有足够的心理动力去积极应对。与此同时，如果孩子对待父母离异有较为良好的认知重构，他的情绪会更稳定，当生活环境发生改变时，也会更加愿意接受，重获对未来生活的信心。

❀ 不要无原则地弥补孩子

在丧偶或离异之后，单亲父母会更加怜爱孩子，想加倍补偿孩子，无条件满足孩子的要求。其结果常常导致孩子以自我为中心，变得任性、自私，缺乏同情心和责任感。

不要无原则地弥补孩子

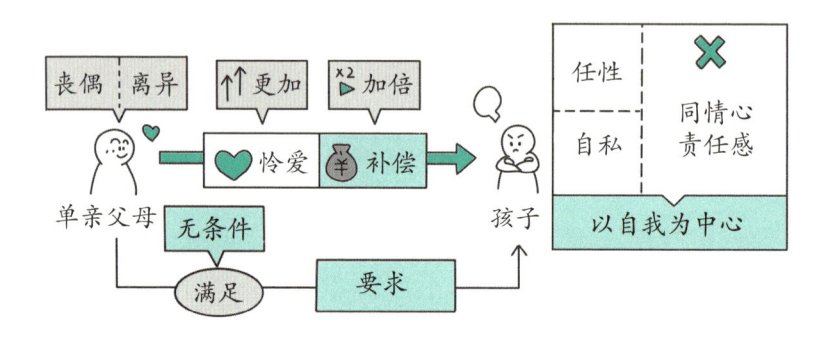

我们要抱着平常心看待单亲家庭，不要因为孩子缺少父亲或母亲的陪伴就娇惯他，只要孩子不觉得单亲家庭不正常，我们就不要过分强调和暗示家庭不完整这一事实。我们要鼓励孩子去做力所能及的事情。

平常心看待单亲家庭

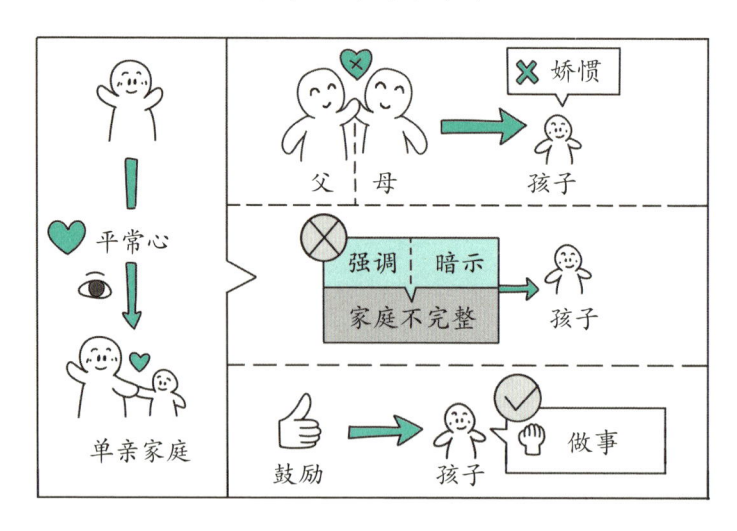

✿ 不把孩子当作情感的寄托

有些单亲父母由于内心孤寂，容易把孩子当作情感上的寄托，把自己所有的注意力和爱都集中在孩子身上，不允许孩子长时间离开视线，希望孩子多陪伴自己。这样做的结果，容易使孩子对父亲或母亲过分依赖，无法独立。

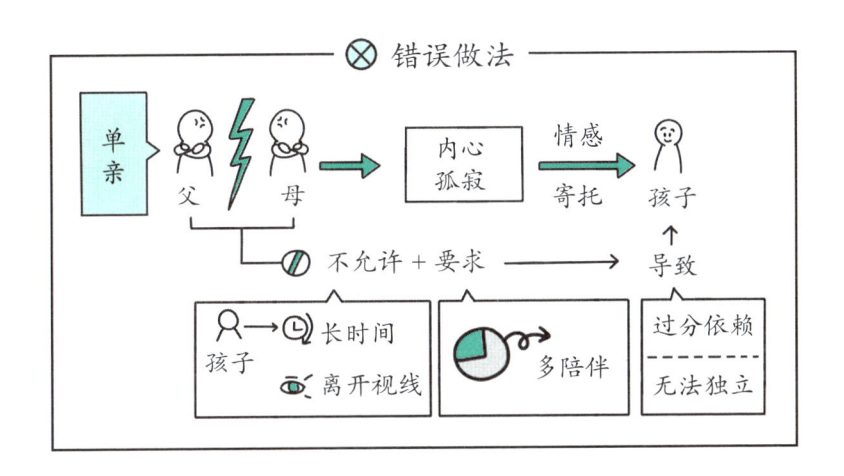

单亲父母应该多约朋友一起散心、逛街，多参加一些社交活动，使自己的生活充实起来。同时，单亲父母也应该多鼓励孩子参加集体活动，和其他小伙伴一起玩耍、学习，以及发展自己的兴趣爱好。精神生活充实了，孩子也会尽早从父母离异的阴影中走出来。

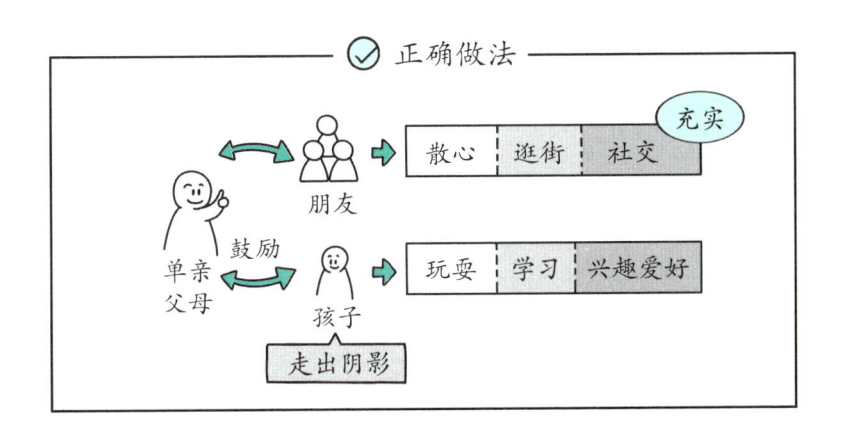

过分控制会造成孩子失控

有的单亲父母会过分关注孩子的衣食住行，几乎将孩子视为生活的全部，总是尝试掌控孩子的生活。这样非常不利于孩子的成长，也不利于建立良好的亲子关系，原因如下：

第一，由于孩子成长的必经之路是完成社会化，学会在社会生活中与人相处和独立解决问题，如果单亲父母过分包办孩子的事情，剥夺了孩子试错和练习的机会，会导致孩子难以适应社会生活，缺少自信心，久而久之，孩子会回避社会生活，愈发依赖单亲父母，阻碍人格独立性发展。

第二，单亲父母过分地掌控，孩子的身心会感到失控与窒息，内心渴望逃离，甚至引发严重的心理疾病。长此以往，当孩子有能力反抗的时候，他会采取过激行为反抗单亲父母的控制，破坏亲子关系。

我们要给孩子自由发展的空间，信任孩子有探索生活的能力，有独立成长的能力，在孩子的生活与自己的生活之间拉起心理上的分界线，相互理解与尊重。

注重性别角色教育

在孩子人格形成过程中，父亲和母亲都有着无法替代的作用。缺乏父爱，孩子可能会表现得懦弱、自卑、多愁善感等，而缺少母爱，孩子可能会表现得冷漠、没安全感、没爱心等。单亲父母要及时弥补孩子缺少父爱或母爱所带来的消极影响，注重孩子的性别角色教育。

单亲父母要扮演"严父慈母"的双重角色，既应该体现父亲的勇敢和坚强，又要适当具有母亲的温柔与体贴。特别是在父亲养育女儿或母亲养育儿子的家庭里，家长更应该传递正确的性别角色信息，消除其恋父情结或恋母情结。如父亲在养育女儿时，要更多地用语言激励女儿，让她多参与女性化的活动，而不是事事包办。

在单亲家庭中，孩子在性别角色学习过程中，缺乏最直接的榜样。父母虽然是影响孩子性别角色社会化的重要参考，但并不是唯一来源，同伴、影视等对孩子的性别角色也有重要影响。单亲父母可以调动亲友中的性别资源，选择一些性别意识和行为明显的人，有意识地让他们跟孩子多接触。同时，单亲父母也要重视孩子对同性的选择，以及与异性交往的时间与方式等。

注重性别角色教育

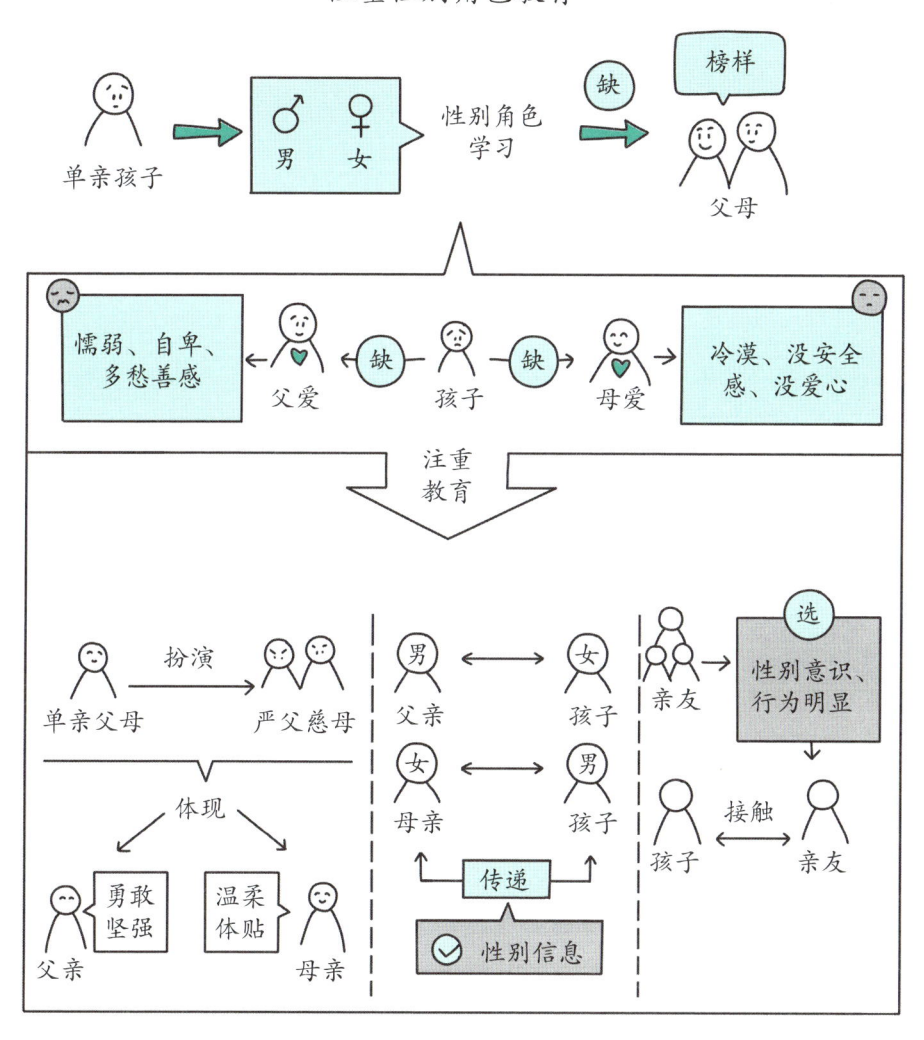

6 孩子过早懂事，真的好吗

面对孩子，我们经常挂在嘴边的话是："你要听话，要懂事，让我省点心。"在我们的认知中，懂事的孩子才是好孩子。要求一个孩子懂事似乎再正常不过，但是我们不要忘了，这世上不只有"成熟"和"懂事"，还有"委屈"和"不快乐"。孩子过早懂事的背后，可能隐藏着真实的自我。

❋ 孩子安慰我

我的一个朋友曾经跟我炫耀："我家孩子很懂事，每当我不开心的时候，都是孩子来安慰我。"我听到她说这话时，挺心痛的。朋友是个单亲妈妈，独自抚养孩子，在生活、工作中遇到不开心的事时，也会向孩子诉说。孩子自知妈妈不容易，总是会迎合和顺从妈妈。就这样，孩子小小年纪就体会到了成年人的痛苦。至于孩子自己的情感与快乐，完全被压抑下来了。

在本该放肆、任性的年龄，孩子过早地关注妈妈的感受，每天小心翼翼地看着妈妈的脸色行事，用成人的视角权衡利弊，这样的懂事，本应该引起妈妈的警惕，然而我这位朋友却觉得，这是孩子优秀、体贴的表现，怎能不让人心痛！

❋ 过早懂事是种残忍的教养

孩子过早懂事，意味着他要迎合讨好大人，不惜忽略自己的感受，压抑自己的真实想法。这种以他人感受为中心而构建的自我，属于"假自我"。

英国心理学家温尼科特提出过"真自我"和"假自我"的概念。"真自我"是指一个人的自我是以自己感受为中心而构建的，他具有强烈的自我价值感。"假自我"是指一个人的自我是以他人感受为中心而构建的，一旦感到自己的行为令他人失望，自我价值感便降到极低。

其实每个人都有"真自我"和"假自我"两部分，只不过两者所占的比例不一样。我们一生下来，是以自己的感受为中心的，但在慢慢成长中，我们需要与他人达成平衡，需要照顾他人的需求，于是"假自我"就产生了。如果在成长的过程中被恰当对待，真假自我就会和谐相处。相反，"真自我"不断地被压制，孩子就会不断发展"假自我"，以让自己更好地生活下去。

"真自我"和"假自我"

自我价值感高　　　自我价值感低

自己感受　　　　他人感受

真自我 →（成长／与他人平衡）→ 假自我

过早懂事的孩子，他的"真自我"被压制，"假自我"不断壮大，他用尽心思让身边的人高兴，希望以此来避免一切麻烦，却往往没有勇气表现出真正的自我。

虽然过早懂事的孩子会获得大人的表扬、称赞，但是他的内心深处并不快乐，因为他的需求没有得到满足。他将委屈和无助都隐藏在内心，压抑自己的真实想法，在长大之后也不可能真正快乐。从这个角度来说，让孩子过早懂事，其实是一种残忍的教养。

过早懂事的孩子的真假自我

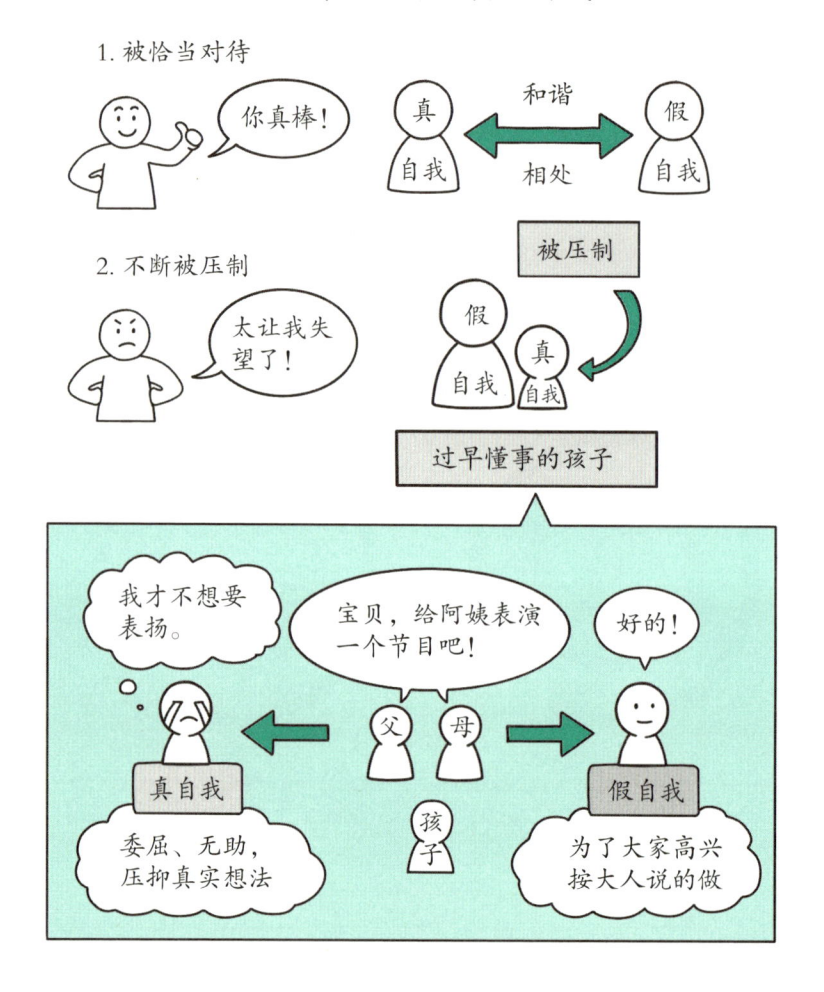

1. 被恰当对待

   你真棒！　　真自我 ←和谐相处→ 假自我

2. 不断被压制

   太让我失望了！　　假自我　真自我（被压制）

过早懂事的孩子

- 父母："宝贝，给阿姨表演一个节目吧！"
- 孩子："好的！"
- 真自我：我才不想要表扬。委屈、无助，压抑真实想法
- 假自我：为了大家高兴按大人说的做

✿ 多关注孩子的感受

教育孩子是一门学问,是一种值得父母不断追求的艺术。让孩子过早懂事,并不是明智的教育。

其实有些时候,孩子之所以会懂事,是因为他的感受不被我们重视。我们要让孩子知道,他是值得被爱的,无论发生什么事,爸爸妈妈都不会离开他。

我们要多关注孩子的感受,并不意味着孩子可以随心所欲,而是在信任和宽容的基础上,用我们的关心、支持和帮助,陪伴孩子去成长、去学习。孩子有了我们的信任,会更自如地表达内心所想。也正因为有了我们的信任,孩子在做事时,自觉性会更好,积极性也会更高。

7 妈妈，请别再唠叨了

很多妈妈都有很高的语言天赋，相比爸爸而言，她们与孩子的沟通可能更容易，但并不是每个妈妈都懂得沟通的艺术。语言能鼓舞人心，也能摧毁意志，语言是妈妈管教孩子的主要工具，如果使用过度、过量，就可能起到相反的效果。

❀ 过度的唠叨达不到想要的效果

晓峰这次又考砸了，他战战兢兢地把试卷从书包里拿出来，妈妈一把抢去，一看分数，顿时怒火冲天。"你太让我失望了，怎么就这么笨呢？这样的成绩怎么能考上大学？我们每天这么辛苦是为了什么？你……"每次这种性质的"谈话"至少要一小时，晓峰觉得头越来越重，声音也越来越低，最后彻底埋没在妈妈不断发出的声音里。

心理学上有个经典的心理现象——超限效应。美国著名作家马克·吐温有一次在教堂听牧师演讲。最初，他觉得牧师讲得很好，使人感动，准备捐款。过了10分钟，牧师还没有讲完，马克·吐温有些不耐烦了，让他有只捐一些零钱的想法。又过了10分钟，牧师还没有讲完，于是马克·吐温决定，1分钱也不捐。到牧师终于结束了冗长的演讲，开始募捐时，马克·吐温由于气愤，不仅未捐钱，还从盘子里偷了2元钱。这种刺激过多、过强或作用时间过久而引起心理极不耐烦或反抗的心理现象，称之为"超限效应"。

超限效应在家庭教育中时常发生。当孩子没考好的时候，妈妈的"紧箍咒"就会呼之欲出。妈妈念第一遍时，孩子是内疚的；妈妈念第二遍、第三遍时，孩子开始感到不耐烦；妈妈念到第四遍、第五遍时，孩子会彻底反感，以至于出现"我偏要这样"的反抗心理和行为。

教育孩子原本是想达到让孩子明白和改正错误的目的，有时候父母误以为说的次数越多，孩子就越能记住，其实这是父母的一厢情愿。孩子不是机器人，他是有情绪的，如果父母在他不愿意接受的时候强加灌输教育思想，肯定达不到想要的效果。

过度的唠叨达不到想要的效果

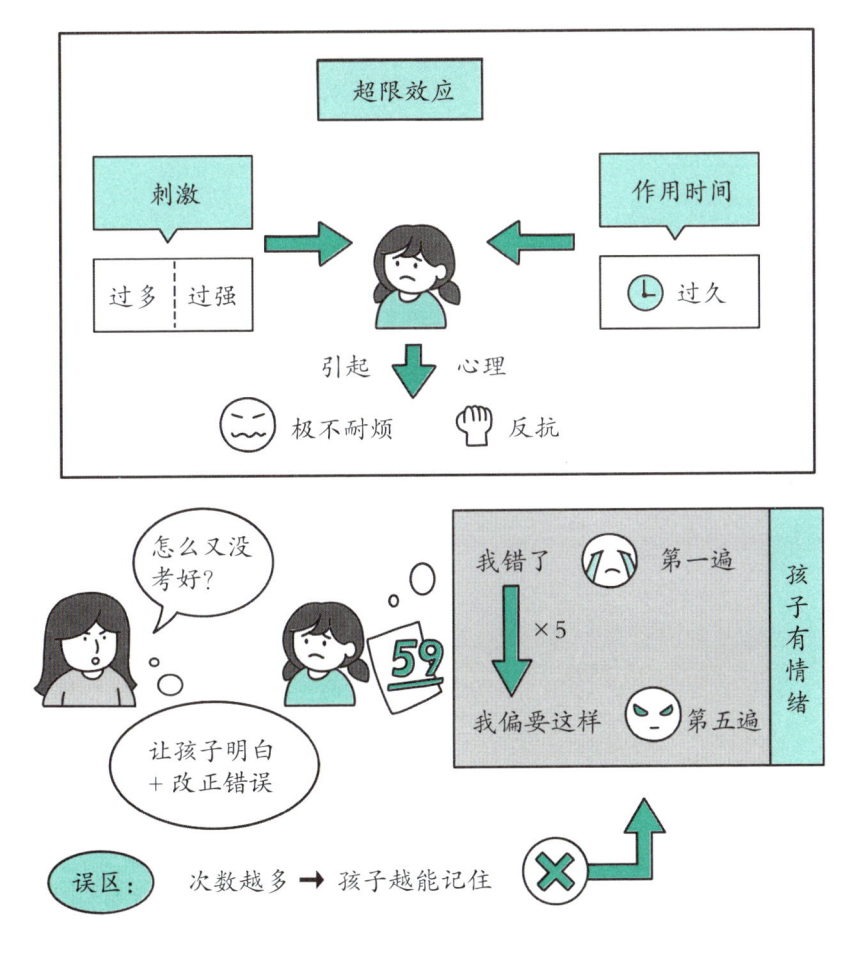

超限效应

刺激：过多｜过强
作用时间：过久

引起　心理
极不耐烦　反抗

怎么又没考好？
我错了　第一遍
×5
我偏要这样　第五遍
孩子有情绪

让孩子明白＋改正错误

误区：次数越多 → 孩子越能记住

父母发现孩子已经在似听非听时，不妨休息下，让孩子谈谈他对事情的看法，如果教育效果已经达到，可以就此打住。

❀ 相信自己的孩子

要获得良好的教育效果，最重要的是信任自己的孩子，相信他有自我成长的能力。即便现在孩子表现出各种各样的问题，也要相信父母的期望会在无形中引领孩子前行。

著名心理学家罗伯特·罗森塔尔曾做过一个有名的实验。他和助手来到一所小学，声称要进行一个"未来发展趋势测验"，并煞有其事地以赞赏的口吻，将一份"最有发展前途者"的名单交给了校长和相关教师，叮嘱他们务必保密，以免影响实验的正确性。其实他撒了一个"权威性谎言"，因为名单上的学生其实是随机挑选出来的。8个月后，奇迹出现了，凡是上了名单的学生，成绩都有了较大的进步，且各方面都很优秀。

罗森塔尔通过调查分析解释了其中的原因，老师们自己也承认，对于名单上的所谓"最有发展前途者"，他们会给予更多的关注和回答问题的机会，并且将孩子们的错误理解为一时粗心。那群孩子感受到老师的信任后，更加努力地学习，不辜负老师的期望，从而在各方面都有异乎寻常的进步。这种由他人（特别是像老师和家长这样的"他人"）的期望和热爱，而使人们的行为发生与期望趋于一致的变化的情况，称之为"罗森塔尔效应"。

父母的期望和鼓励对孩子的一生是至关重要的。应该警觉的是，很多父母没有注意到，自己对孩子的期待会在无形中引领孩子前行。对于孩子来说，父母的话具有权威性，"妈妈为你骄傲""你是个好孩子"，这些话在当下也许是个"权威性谎言"，但孩子在这种暗示下，会有更积极的心态，会为自己的梦想不断努力。

父母不要时时神经紧绷，盯着孩子的一举一动，生怕有什么差池。对于必须做的事情，孩子有权利决定怎么做，以及什么时候做。孩子没有必要处处随父母的心意，父母对孩子要有信心，相信孩子有向上之心并能够管理好自己。

8 孩子的问题是如何被制造出来的

这个世界上,没有完美的父母,也没有完美的孩子。面对孩子的问题,我们很是发愁与苦恼,一心想帮孩子改掉不好的行为,但大多收效甚微,这究竟是什么原因呢?

父母没有做好表率

托尔斯泰有句名言:"全部教育,或者说千分之九百九十九的教育都归结到榜样上,归结到父母自己生活的端正和完善上。"当每个孩子来到这个世界上时,他就像一张白纸,不久的将来,这张白纸上是壮丽的画作还是杂乱的涂污,很大程度上取决于父母的影响。为人父母者要教育好自己的孩子,必须从自己日常生活的一言一行做起。

父母影响孩子的不单是行为习惯,还有脾气秉性。如果父母经常在孩子面前发脾气,变得暴躁易怒,那么孩子的性格也会像父母一样阴晴不定,或者变得胆小怯懦,不敢表达自己,所以父母要控制好自己的情绪,给孩子做好表率,遇到问题积极思考如何解决,而不是抱怨和争吵。

父母对孩子的影响

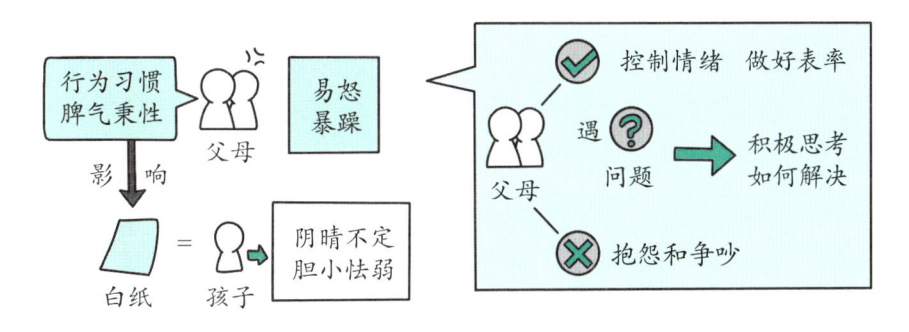

孩子的问题源于父母内心的恐惧

"问题孩子"的背后,往往有内心充满恐惧、没有安全感的父母,因为这样的父母对掌控局面缺乏信心,往往希望能控制一切,不允许孩子偏离自己的意志。

孩子常常受到父母的批评、指责和挑剔,不允许有情绪,这是控制型家庭的常态。在这样的家庭中,很容易出现两种情况,一种是管不住孩子,另一种是孩子被管得服服帖帖,压抑自己的情感,只能按父母的规划学习和生活,但长期这样压抑,容易出问题。其实很多控制型父母看似强大,本身是缺乏安全感的。他们只有通过对亲密的人实施控制,才能缓解内心的恐惧。正因为他们对社会的不信任,对自己和孩子没信心,才会通过控制孩子来体现自己的存在感、价值感和掌控感。如果父母本身心存恐惧,控制欲强,那么无论孩子怎么成长,总会被发现问题。

孩子的问题源于父母内心的恐惧

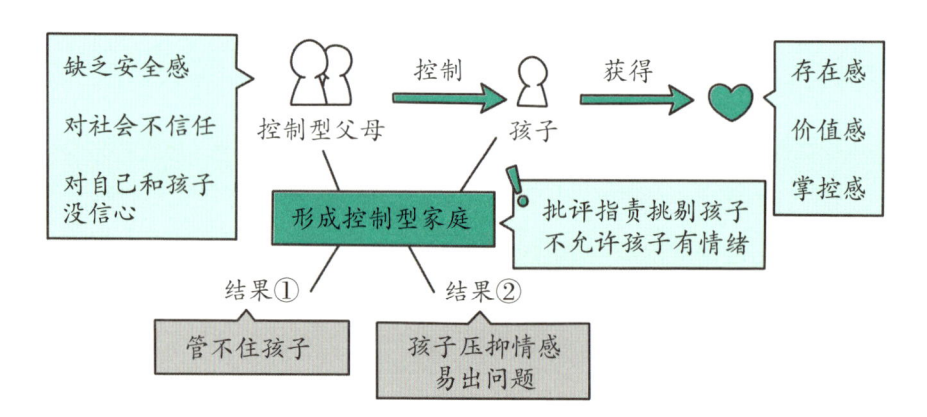

过分的关注是一种压力

孩子的身心发展有其规律,当我们不了解孩子的发展规律,看到孩子做出有违我们期望的事情时,我们就会觉得这是问题。比如说孩子咬指甲,这可能是孩子缓解焦虑的行为,但我们会认为这是孩子的坏习惯,必须尽快矫正。如果我们过度关注孩子咬指甲的行为,实际上就是在强化这种行为。相反,如果我们忽视它,随着孩子焦虑情绪的减少,孩子咬指甲的行为也会慢慢消退。

过分的关注是一种压力

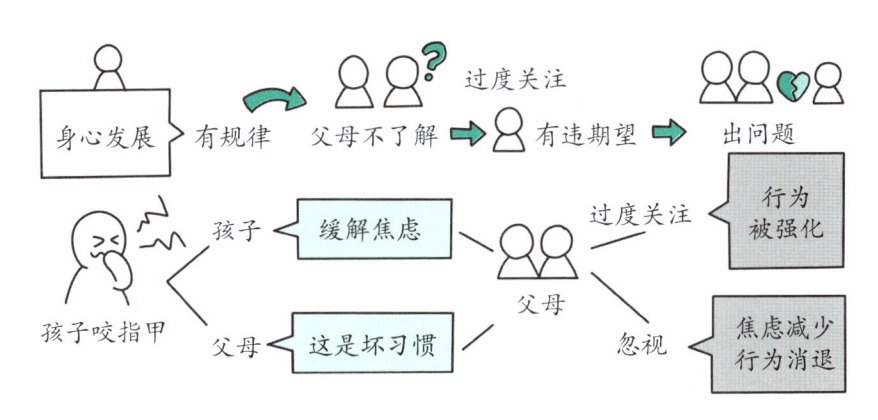

身心发展 →有规律→ 父母不了解 →过度关注→ 有违期望 →出问题→ 行为被强化

孩子咬指甲 → 孩子→缓解焦虑→父母→过度关注→行为被强化
　　　　　　 父母→这是坏习惯→　　忽视→焦虑减少 行为消退

很多时候,孩子的"问题"都是父母关注出来的。对"问题"的关注,又源于父母内心的焦虑与恐惧。父母自己的内心强大了,才不会在孩子身上投射太多的焦虑和恐惧。

❖ 父母没有蹲下来和孩子一起看世界

父母在教育孩子、指出孩子问题的时候,是带着自己多年受教育的经历和社会阅历看问题,或许指出的问题更加全面,对孩子的要求也合理,但是在教育行为上,有些父母会不由自主地站在道德的制高点批评孩子,甚至对孩子的人品给予否定。父母作为孩子权威的、依赖的、信任的对象,孩子往往对父母做出的评价深信不疑。当父母不断批评指责孩子的过错,并将其上升到人品问题时,孩子会认为自己是个品行不端、差劲的坏孩子,在行为上会不自觉地印证这些负面评价。

有些孩子因为没有足够的知识和丰富的阅历,以致不能理解父母提出的要求，这时，有些父母便会声色俱厉地指责孩子："笨，教那么多遍都不会。""自私，没良心，讲那么多道理都不听。"长期的贬低使孩子改正问题的动机水平日益下降，自我效能感不断降低，逐渐形成许多不良的行为并得不到改正。

以上问题的根源在于父母并没有蹲下来和孩子一起看世界，没有了解孩子心灵成长过程的阶段性特征，在不同年龄阶段对世界的认知特点，以及在面对外界冲突事件时的情绪体验。如果父母蹲下来询问孩子对事情的认知和感受，了解孩子的想法，并用孩子能够明白的语言与其沟通，一切有效的教育就会顺理成章地发生。

❀ 改善方法

一些父母只关注孩子的成长，而忽略了自己的成长。其实身为父母的我们也同样需要成长。

父母树立榜样，会让孩子随时反思自己的一言一行，不断向父母靠近，这是一种内在力量的驱动，比靠讲道理、时刻监督更能让孩子感同身受。父母在以身作则的过程中，也能时时反思自己的言行，做好情绪管理，及时调整不良行为，从而形成良好的亲子关系。

改变孩子的"问题"行为，最根本的不是学习具体的操作办法，而是父母自己的改变。父母自己的内心强大了，才不会通过控制孩子来获得掌控局面的安全感，看到的"问题"自然就少了很多。

由于孩子不断成长，作为父母，我们除了照顾孩子的基本生活，还要不断地学习，了解孩子的身心发展特点和规律，自觉调整和改变那种监护较严、指令较强的教育方式，取而代之的是对孩子的尊重、信任和理解。

改善方法

1. 父母树立榜样

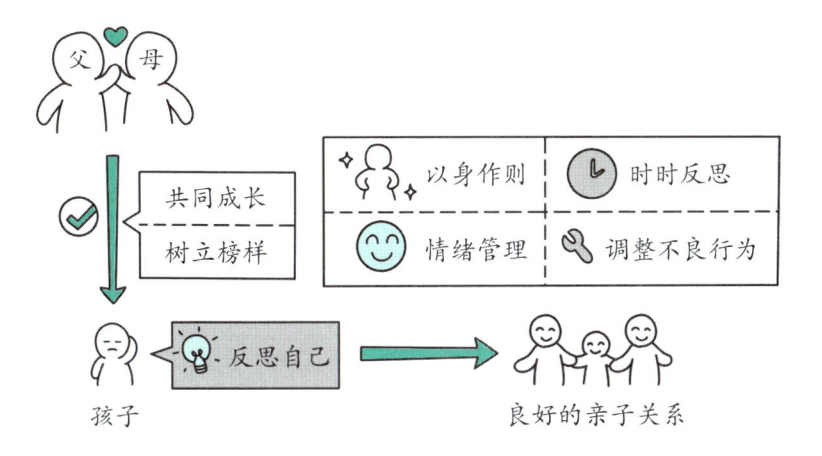

   父母 → 共同成长／树立榜样
   - 以身作则
   - 时时反思
   - 情绪管理
   - 调整不良行为

   孩子 —反思自己→ 良好的亲子关系

2. 父母自己的改变

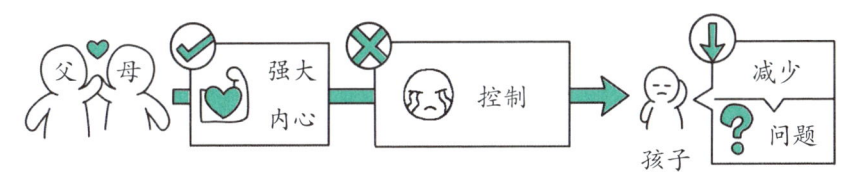

   父母 ✓ 强大内心 ✗ 控制 → 孩子 ↓ 减少问题

3. 自觉调整教育方式

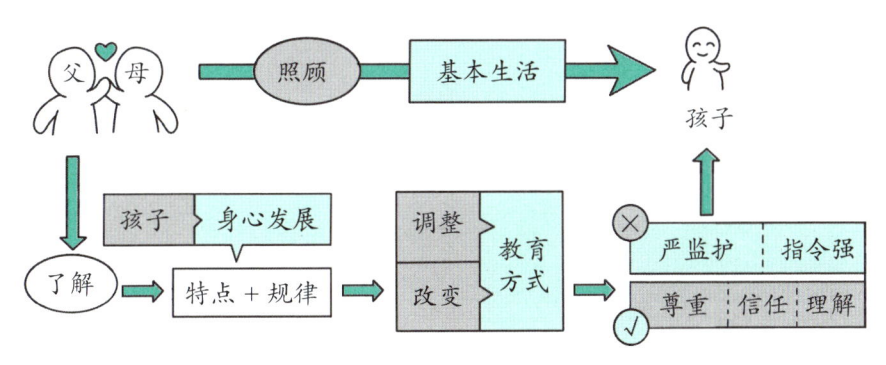

   父母 —照顾→ 基本生活 → 孩子

   了解 → 孩子身心发展 特点+规律 → 调整／改变 教育方式 →
   - ✗ 严监护 ／ 指令强
   - ✓ 尊重 ／ 信任 ／ 理解

9 父母为何会对孩子下狠手

每个孩子都应该有一个尽可能好的人生开端，接受良好的基础教育，有机会充分发掘自身潜能，成长为一名有益于社会的人，这不仅是对孩子健康成长的期望，亦是对家庭、社会提出的要求，然而现实生活中，孩子遭受家庭暴力侵害的事件在不断增加，这是一个值得被全社会广泛重视的社会问题。我们从心理学角度，来谈谈父母为何会对孩子下狠手。

❋ 错误的教育方式

一些父母认为，孩子不打不成才，将来只要孩子能有出息，这些打骂都不算什么。这些父母极有可能也是在这样的教育环境中成长的，在年幼的时候曾遭受父母的殴打与责骂，他们的亲身经历使得他们相信棍棒教育对孩子是有效的，所以固执地认为打骂孩子是正确的，殊不知，这样只会把孩子越推越远，让孩子越来越害怕父母。

错误的教育方式

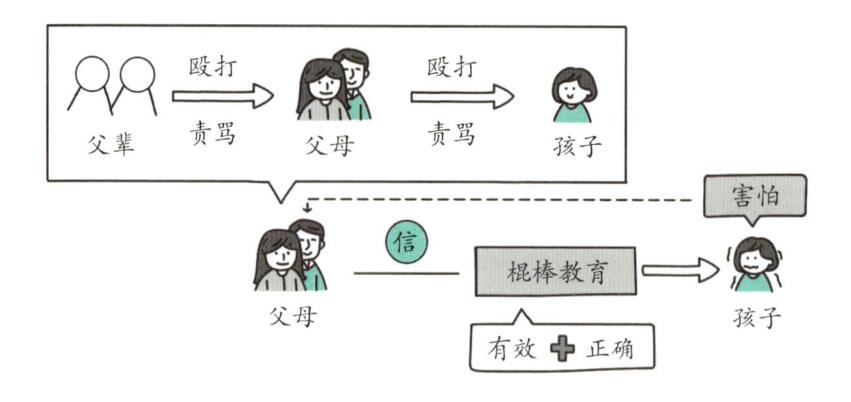

❀ 无能感的体现

有些父母在早期遭受过虐待，在情感上未得到满足，他们希望孩子能满足自己的期望。当孩子达不到要求时，他们可能会用愤怒攻击孩子，而愤怒的背后是他们深深的无能感。他们嫌弃孩子，其实也是对自我的一种伤害。这些父母多是以自我为中心，他们不能够解决生活中的困难，把对自己的不接受转移到孩子身上，要求孩子绝对顺从，一旦孩子不听话，他们就会觉得无助，失去控制感，只有通过暴力，让孩子对自己绝对服从后，他们才会觉得有控制感。

那些忍不住打孩子、打完又愧疚的父母，他们不是不满意孩子，而是不满意自己，因为害怕子女走自己曾经走过的错路，所以才会把内心的焦虑发泄在孩子身上，但这对孩子来说是不公平的。

父母是孩子最亲的人，也是孩子的心理支柱，当父母经常拿孩子撒气，孩子会感觉不到自己是值得被爱的，他会产生"低价值感"，会比较悲观。出于对父母的讨好，他可能会委曲求全。这样的孩子在父母身上消耗太多的精力，他就不会有兴趣、有精力去探索世界。长此以往，这种讨好行为还会固化下来，变成讨好型人格。这种人格对孩子的成长是非常不利的。

无能感的体现

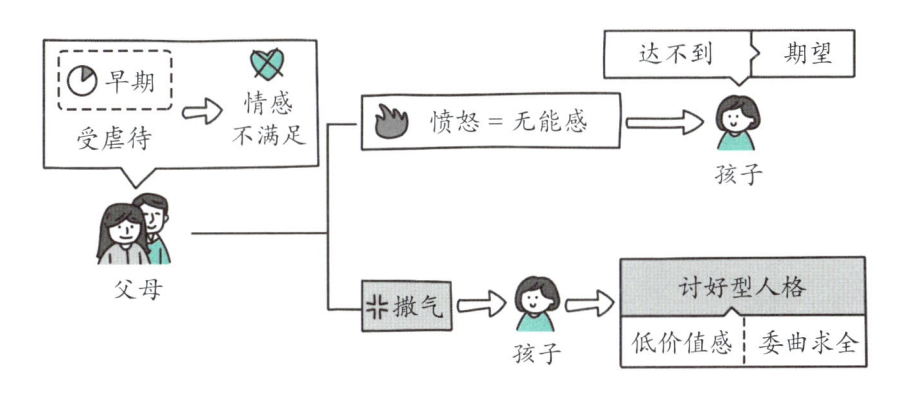

🌸 父母的性格有缺陷

经常虐待孩子的父母本身性格就有缺陷,他们暴躁、易怒,对任何事情都抱消极态度,一旦在别处受到压力或委屈,不管孩子有没有犯错误,回到家都拿孩子出气。他们在打孩子的时候,很难体会到孩子的痛苦。还有些父母有酗酒、赌博等行为,这些行为会造成他们情绪错乱与精神失常,孩子生活在这样的氛围中容易遭遇家庭暴力。

父母的性格有缺陷

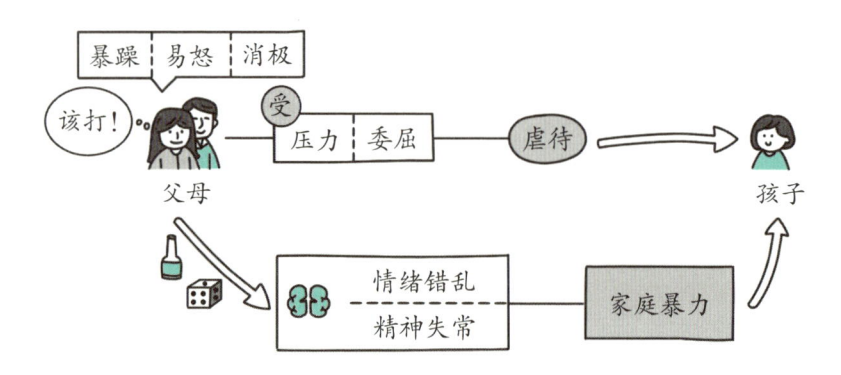

🌸 科学的做法

学会爱而不是控制。孩子是用来爱的,而不是用来控制、满足自己欲望的。父母不要把孩子当成私有财产,父母虽然有权利和义务对孩子进行教育,但并不意味着"孩子是我的,我想骂就骂"的"霸权意识"是对的。孩子是有生命和尊严的独立个体,他不属于我们任何人,他只属于他自己。

学会爱而不是控制

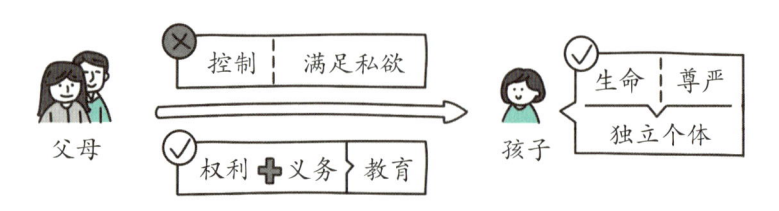

对于童年有受虐经历的父母来说，将孩子当作发泄工具，并不能解决内心所压抑的伤痛。与孩子一道成长，借机去了解自己暴力背后隐藏的内心苦痛，逐步走出不幸的童年阴影，才是父母最应该做的。

学会控制自己的情绪。父母脾气再差也不要把气撒在孩子身上，更不能把对生活不满的怨气向孩子发泄。折磨孩子，不仅于事无补，反而容易激发更大的矛盾。当父母觉察到自己正在生气、愤怒时，要马上跟自己说"这是我的问题"，把原因归到自己身上，就会让怒火下降不少，之后去到能让自己快速安静下来的地方，听音乐、吃零食、玩手机等，让自己迅速回归理性。

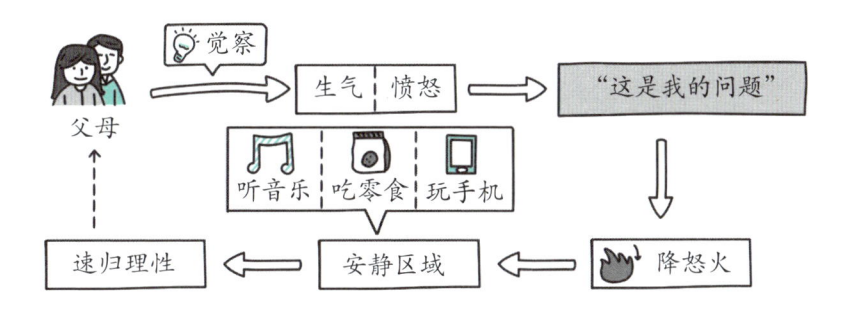

学会控制自己的情绪

10 孩子犯错不一定是坏事

无论你多大年龄，心思多么缜密，计划多么周全，都难以保证不犯错误。孩子认知和经验不足，犯错误更是常态。那面对孩子犯错，我们该怎么对待他呢？

❋ 不要放大孩子的错误

我们都希望自己的孩子是好孩子，是优秀的孩子。正是在这种殷切期盼下，我们会时刻关注孩子的言行。一旦发现孩子做出类似出格的行为，我们可能就会立马紧张起来。面对孩子撒谎、破坏公物、和同伴打闹、逃课、不写作业等，我们既生气又着急。火气一上来，我们很容易对孩子训斥、埋怨、冷落，甚至动手。

我们生气的时候，对事情的看法很容易偏激，无法对孩子的错误做出理性判断，甚至还会放大他的错误。如孩子不写作业，有可能是作业难度大，孩子写不出来，而不是孩子学习态度不端正；孩子和人打架，有可能是见义勇为，看不得他人欺负弱小，而不是惹事生非……

孩子犯错，本是不可避免的，如果我们一气之下把孩子的错误上升到品行、道德的高度，其实是在变相放弃他。可能我们说的话只是一时气话，甚至说过之后就忘记了，但对孩子的影响是非常大的，会让孩子怀疑自己，怀疑父母的爱。久而久之，为了保证不犯错，也为了保证得到父母的爱，孩子整天小心翼翼地做一些比较安全的、有把握的事情，不敢在探索、尝试、模仿中学习，这其实是在变相毁灭孩子。

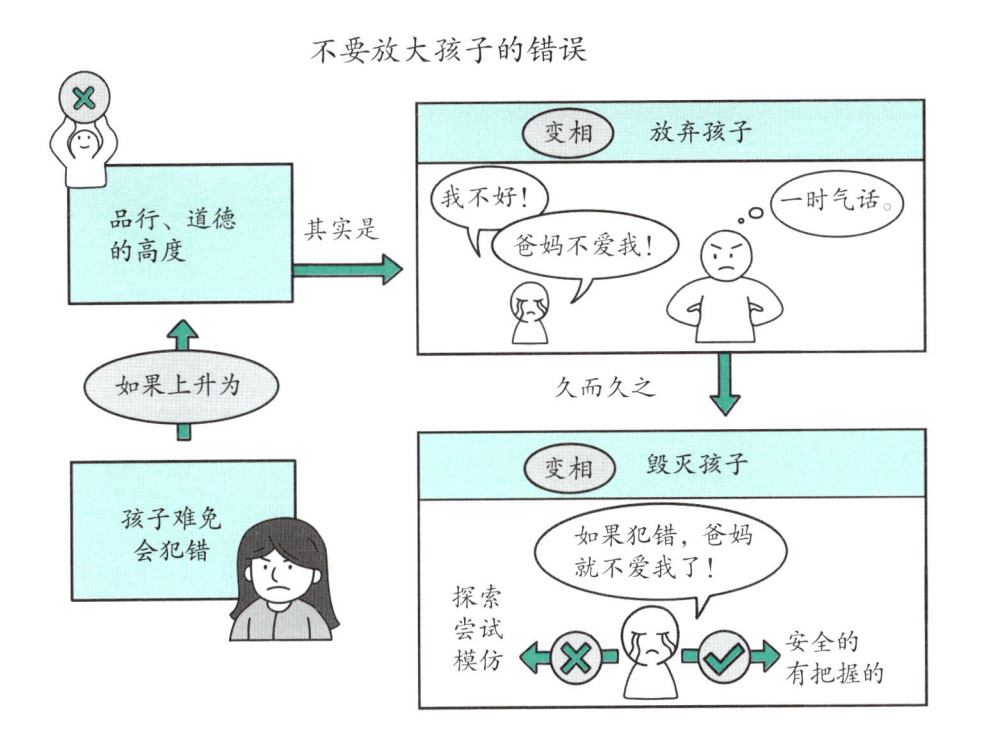

不要放大孩子的错误

品行、道德的高度 ← 其实是 ← 变相 放弃孩子
"我不好！" "爸妈不爱我！" "一时气话。"

↑ 如果上升为

孩子难免会犯错

久而久之 ↓

变相 毁灭孩子
"如果犯错，爸妈就不爱我了！"
探索尝试模仿 ← ✗ ✓ → 安全的有把握的

✦ 试错是一种学习

不愿试错的人，表示他不愿尝试新的事物。孩子只有在不断试错中成长，才更有勇气去面对挫折，更有能力去解决问题。著名心理学家桑代克更是认为：学习的本质就是试错。

桑代克曾做过许多动物学习的实验，以此来解释学习的实质和机制，其中让饿猫逃出箱子吃到食物的学习是他的经典实验之一。具体的实验情况是这样的：

一只猫被独立放在箱子里，箱子里有一个能开门的脚踏板，一踩脚踏板，猫就可以逃出箱子，还能得到箱子外面的奖赏——鱼。刚开始，猫被关在箱子里，显得很慌张，总是乱撞、乱跑，偶然间，它踩到了脚踏板，逃出了箱子，得到了食物。实验者又把它重新放回箱子，如此多次重复。最后，猫一进箱子，就能打开箱门。从这个实验可以看出，猫的操作水平是缓慢、逐渐和连续改进的。桑代克得出一个很重要的结论：猫的学习是经过多次试错，由刺激情境与正确反应之间形成的联结所构成的。

桑代克认为，学习的实质就是有机体（人类和动物）形成"刺激"与"反应"之间的联结。这个联结是在不断尝试错误中形成的。在这个过程中，错误行为会逐渐减少，正确的反应最终形成。人们称这一理论为"试误说"。

人和猫一样，在学习的时候，要经过不断试错才能得出正确结论。孩子虽然有自己的意识，但是他毕竟还不成熟，有时候不能做出正确的判断。当孩子犯错的时候，父母如果一味地批评孩子，会使孩子有负面情绪，既不利于孩子建立正确的学习联结，又容易打消孩子想探索、学习的积极性。

试错是一种学习，父母不能一味批评孩子

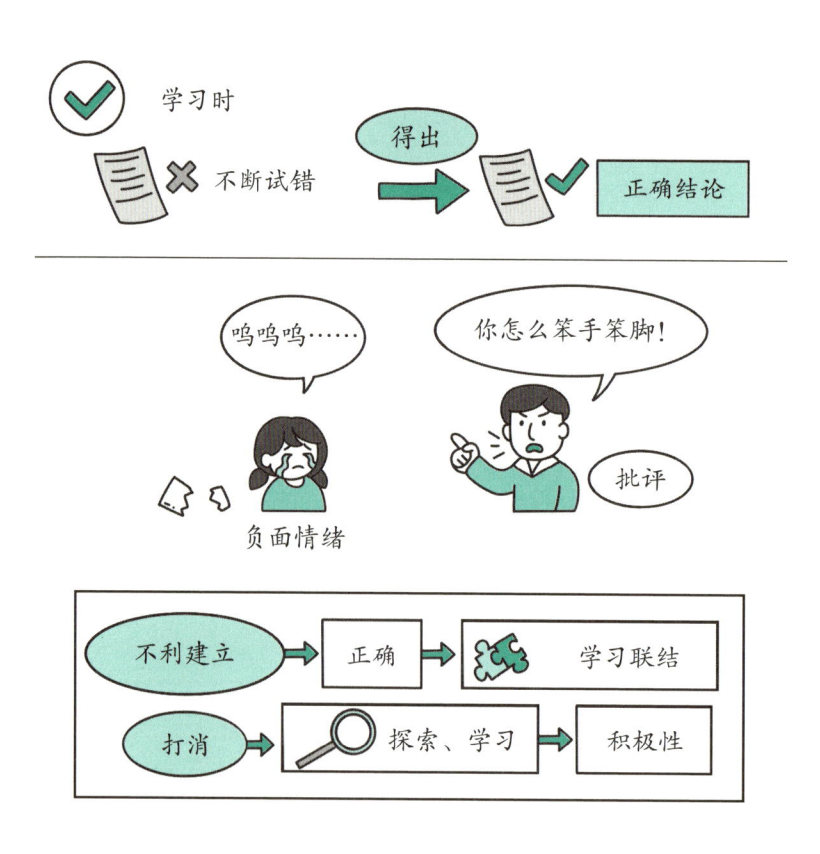

需要强调的是，孩子犯错在一定程度上证明了孩子有自主意识。独立思考、独立决策、独立行动，并不是每个孩子都能做到的。心理学家埃里克森在"生命周期八阶段"理论中所讲的人生阶段的心理社会危机，大都需要自主意识的参与。如幼儿期的心理社会危机是自主与羞愧、怀疑，孩子会有意识地决定做什么不做什么；学前期的心理社会危机是主动与内疚，孩子会更主动地运用想象力和创造力，开始探究自己能成为哪一类人；学龄期的心理社会危机是勤奋与自卑，孩子会体验以不倦的勤奋来完成学习的乐趣……自主意识贯穿个人的一生，这种自主性是非常难得的，也是很可贵的。

犯错证明孩子有自主意识

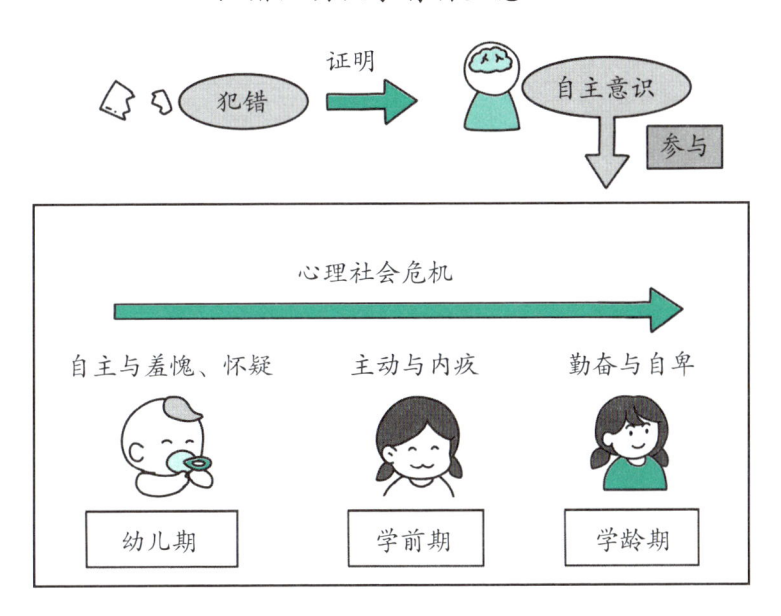

成立"犯错基金"

为了更平和地面对孩子犯错，我建议成立"犯错基金"。如果我们预知孩子会犯错，也默认孩子可以犯错，还为孩子准备了"犯错基金"，那么当需要为孩子的犯错买单时，我们也许就不会出现那么严重的抵抗情绪，也不会把所有的愤怒发泄在孩子身上。

"犯错基金"需要我们和孩子一起协商。初定的"犯错基金"主要来源于两个渠道：孩子的压岁钱和我们的工资。若有两个孩子，就要有两份"犯错基金"。具体的费用，要根据孩子之前的犯错频率和家庭的经济状况综合考虑。

若孩子这个月没有犯错，这个月的"犯错基金"就可以供下个月使用。若犯错花销很大，基金不够用，可预支下个月的"犯错基金"。此等情况连续出现三次，若都是孩子负主要责任，孩子就需要交出全额压岁钱充当"犯错基金"。

我们一旦和孩子协商好"犯错基金"的细节，就要遵守约定。若我们违约，就要支付相应的违约金，把"犯错基金"里的一部分钱归孩子所有，若由此造成经费紧张，我们要加大支出额度。

若一年的"犯错基金"没有用完，我们可以在银行开个账户，把这笔钱存起来，作为孩子的成长基金，等到孩子18岁后，自动归孩子所有。

除了考虑经济成本外，还要考虑时间成本。我们需要每个月拿出1～2天处理孩子的问题。若这个月孩子没有犯错，时间就自动归为下个月使用。若下个月孩子邀请父母做一些事，父母要欣然接受。

11 青春期的叛逆，大有来头

叛逆似乎成了青春期的代名词。只要一提到青春期，父母脑海中可能会闪烁出一连串和叛逆有关的词语：发脾气、情绪化、固执、粗鲁、无礼……孩子的叛逆让父母很是头痛，那孩子为什么会叛逆？怎么回应孩子的叛逆？有没有方法减少孩子的叛逆？

❋ 叛逆是孩子认知提高的表现

著名心理学家让·皮亚杰提出认知发展理论，这个理论将儿童的认知发展分为四个阶段：感知运动阶段、前运算阶段、具体运算阶段和形式运算阶段。青春期孩子开始进入形式运算阶段，逻辑思维能力和抽象思维能力显著提高，开始对事情有自己的思考和判断，对父母的言行举止加以审视，对父母不当的要求和表现开始反抗。

儿童认知发展阶段

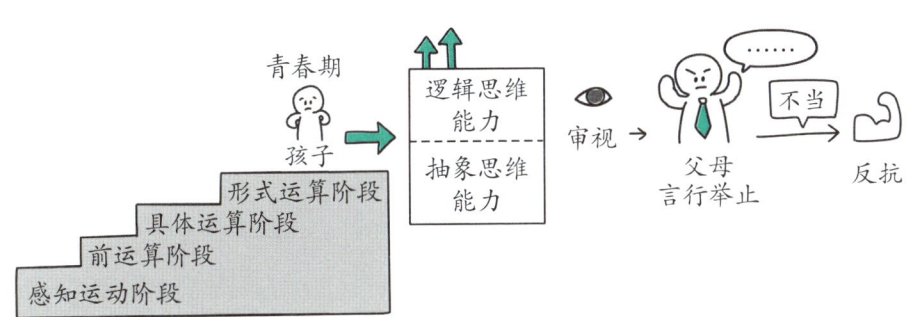

生理上的成熟也会使青春期孩子产生一种"成人感",他们会更加关注自己,不愿再像小孩子一样对父母、老师事事听从,希望按照自己的方式行事,于是便对父母、老师的要求产生叛逆情绪。

孩子叛逆意味着孩子有自己的想法,是孩子成长的表现。我们抱怨孩子不听话,事实是,比起听父母的话,孩子更听自己的话了。

青春期孩子的"成人感"

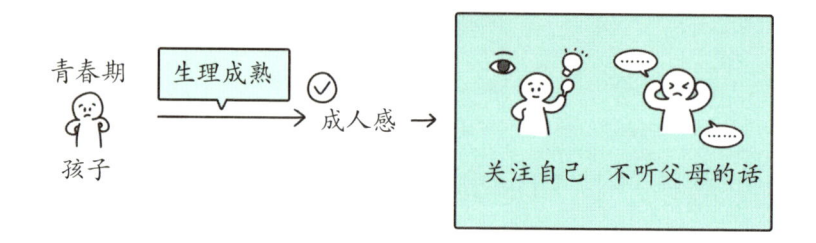

青春期孩子 → 生理成熟 → 成人感 → 关注自己 不听父母的话

❋ 叛逆是孩子发展自我同一性的需求

建立自我同一性是青春期最主要的发展任务。青春期孩子对探索自我有强烈的欲望,他们希望知道"我是谁""我跟别人有什么不同""我的优势是什么""将来我想做什么"等一系列涉及自身及未来发展问题的答案。

叛逆是孩子发展自我同一性的需求。如果孩子一直很乖,不叛逆、不惹事,这种现象在心理学上叫作"同一性早闭"。这样的孩子很少"发现自己",也不知道自己究竟是什么样的人或想要成为什么样的人,他们缺乏主见,容易遵从他人的目标、价值观和生活方式。他们会回避变化和压力来获取安全感,当遇到挫折时,他们也容易丧失目标和信心。

孩子在自我同一性的探索过程中会经历自我怀疑、混乱、矛盾与冲突,这加剧了青春期的情绪问题,而叛逆正是他们发泄不良情绪的一个途径。如果他们把这些不良情绪全都掩饰起来,不叛逆、不发泄、不吐露,那么孩子的内心必然会堆积起大量的负能量。

叛逆是孩子发展自我同一性的需求

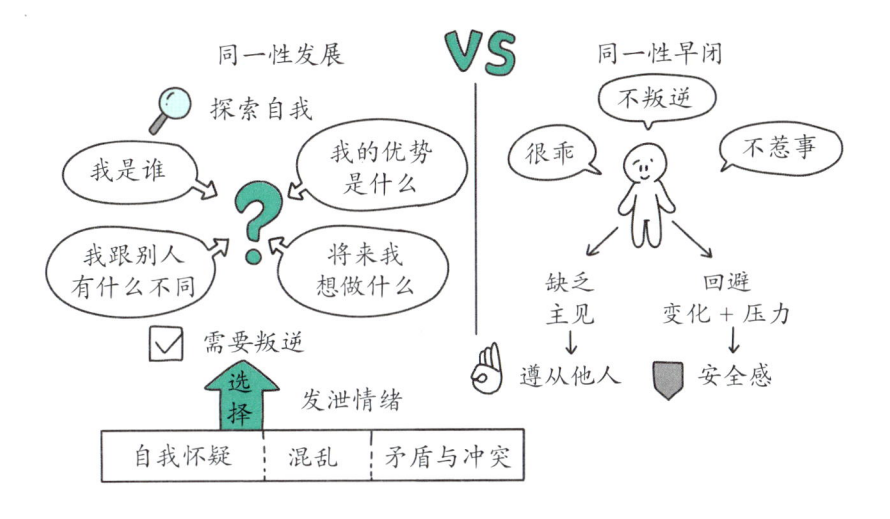

叛逆是孩子调整人际关系的方式

对长辈疏远，与同伴亲密是青春期孩子人际交往的突出特点。这种人际关系的调整对孩子未来的发展非常重要。在与同伴相处过程中，孩子学会从别人的角度思考问题，学会怎么理解他人，学会怎么发展亲密的友谊。在从亲子依恋到同伴交往的转变过程中，叛逆起着重要的作用。

叛逆代表着孩子自我意识的觉醒，在与父母相处过程中，孩子可能不听话、不配合、不沟通。其实这是在提醒父母，孩子长大了，父母要及时转变教养角色，从起主导作用的教育者转变成陪伴孩子成长的陪伴者，不要再一味要求孩子听话，强硬地安排孩子学习和生活。

叛逆是孩子调整人际关系的方式

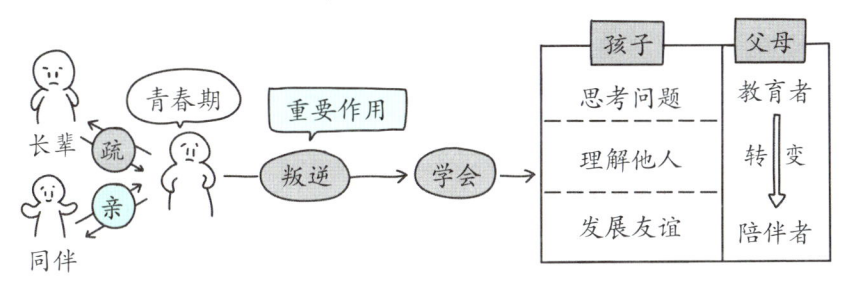

帮助孩子顺利度过叛逆期

青春期是孩子心理发展的机遇期和关键期，但并不意味着父母可以对孩子的叛逆放任自流。只有父母处理得当，孩子才能在叛逆期顺利成长。

不要放任自流，要处理得当

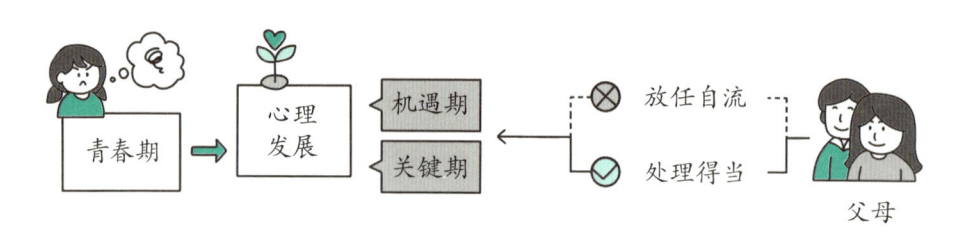

肯定叛逆的积极作用。叛逆是孩子认知提高的表现，可帮助孩子发展自我同一性和调整人际关系，这是一个好的开始。面对孩子的叛逆行为，父母要保持平常心，不要过度关注。父母越是极力反对，孩子就会干得越起劲。父母要相信，随着孩子的成长，孩子的叛逆行为会逐渐消失。

肯定叛逆的积极作用

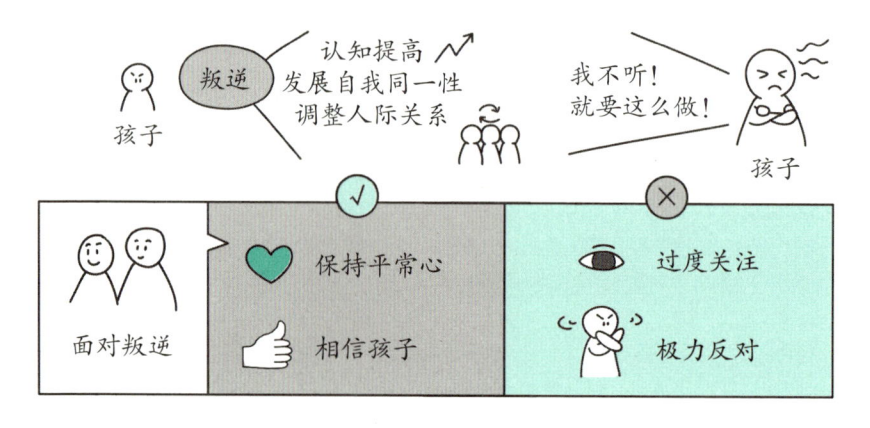

学会放手。叛逆意味着孩子长大了，父母要及时调整自己的教养方式。青春期孩子有自我表现的欲望，普遍希望自己的事情自己做，不希望父母指导和插手。父母要学会放手，允许孩子有自我，当他提出一些想法和要求时，父母要适度满足，不要一味否定。凡是做跟孩子有关的任何决定，父母都要先征求孩子的意见。

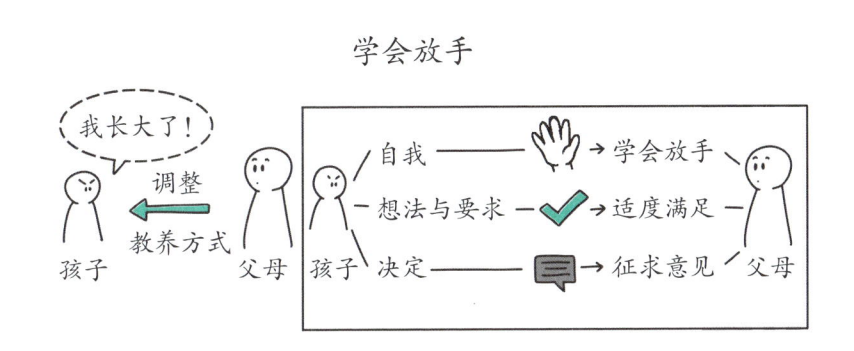

学会放手

理解孩子的行为。当孩子出现叛逆时，如果父母不理解，而是一味地制止，甚至威胁他要听话，这样的结果只会使孩子越来越叛逆。当孩子情绪激动大哭大闹时，父母要多站在孩子的角度思考问题，体会孩子的感受，允许孩子有情绪，允许孩子发泄，事后多和孩子沟通交流。如果孩子遇到问题，父母要和孩子一起想办法解决，不要让孩子孤立无援。父母要让孩子明白，无论遇到什么事，父母永远都是他成长路上的坚强后盾。

理解孩子的行为

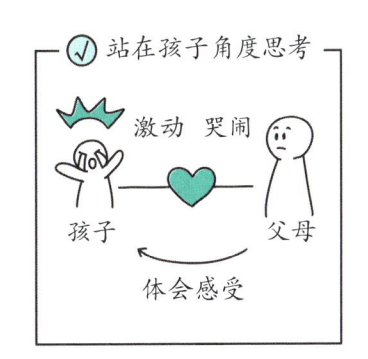

12 青春期孩子需要分层教养

你了解自己的孩子吗？相信很多人的回答是肯定的，但是你关注过孩子的心理需求吗？其实孩子在不同年龄段，心理需求和发展任务是不同的，如婴儿期发展信任感，学龄期培养勤奋感，青春期建立自我同一性，这就要求我们不能以一成不变的方式教育孩子。

❋ 孩子的变化

青春期是个体从儿童向青年过渡的时期，这一阶段个体的身心发展将会表现出显著的变化和成长。到了青春期，孩子的身体发育已基本成熟，而心理发展尚处于幼稚向成熟发展的过渡时期。

我在和青春期的女儿互动时，发现她在处理一些事情上具有成人的思维，如意识到金钱的重要性，开始有计划地存钱；热情招待来家里做客的好朋友；竞选班委会提前好几天写好演讲稿演练，让家人充当评委提意见……在经历困难和挫折时，她的心理承受能力又像个孩子，非常脆弱。期中考试没考好，会独自躲在房间里哭泣；好朋友转学，她硬要跟着一块转，我不许，她竟好几天不理我……

孩子这些行为表现的背后，反映了其自我意识的高涨。自我意识是对自己身心状态和自己同客观世界关系的意识，由自我认知、自我体验和自我调节三个子系统构成。诸如"我长得好不好看""别人是不是喜欢我""我的性格好不好""我是不是一个有用的人""这件事做成有没有困难"等，都属于自我意识的范畴。

自我意识的三个子系统

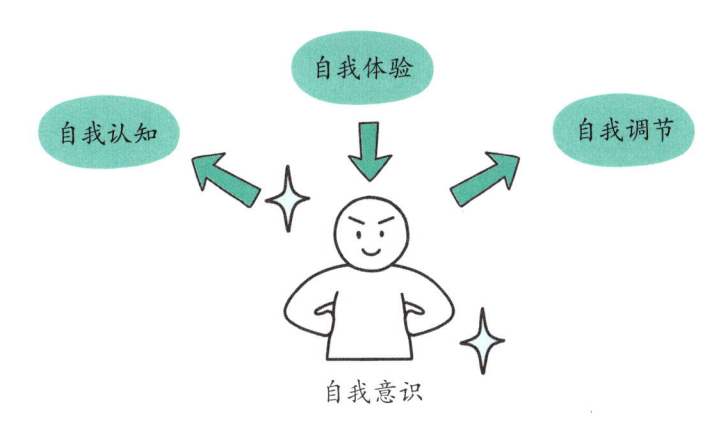

自我体验
自我认知
自我调节

自我意识

✿ 孩子自我意识的发展

　　认识自我，是贯穿我们一生的主题，自我意识的发展是一个漫长的过程，一般要经过20年左右，我们才能形成稳定、成熟的自我意识。过程虽然很长，但只要牢牢把握好关键期，我们一样可以形成良好的自我认知。

　　自我意识的发展有两个飞跃期，一个是幼儿期，一个是青春期。幼儿期的孩子反抗父母控制，自以为别人能干的事自己也能干，并大胆付诸实践，常常逆着父母的意愿。青春期孩子要求精神和行为自主，如果我们一味把他们置于"孩子"的地位而予以保护和支配，沟通时经常是说教的姿态，就会让他们产生抵触情绪，即便表面上顺从，他们的内心深处早已产生压力与反抗。

　　当意识到女儿已经进入关键期，我知道要做好准备去调整对待她的方式，这样才能使我们的亲子关系往好的方向发展。之前在我的认知里，她一直是个孩子，需要爸爸的细心呵护，也离不开爸爸的帮助，但现在不一样了，她在心理上已经产生了成人感，想要自主、平等、尊重，即便现实并不如她想的那样，她也顾不得了。从这个意义上说，孩子对自我的认识超前。我们做父母的，如果不及时更新思想，还把她当作不懂事的小孩，这种认识上的差距就很容易演变成矛盾的焦点。

除了自我意识的高涨，青春期孩子的成长困境我们也要特别关注。他们既想独立又害怕失败，既想自由又害怕失去支持，既需要我们的关注又不想过分亲近我们，这种矛盾心理使得青春期的孩子和我们的关系比较微妙。如果我们能够有效把握孩子的这些心理特点，遵循他们的心理发展规律进行引导和陪伴，就能很容易帮助他们度过青春风暴期。

✿ 分层教养法

我对女儿采用的是分层教养法，即对她的认知、情感和行为分别采用不同的教育态度和应对方式。她的认知发展得快，我就尊重她，给她一定的自主权；她的情感敏感、脆弱，我就多多给她关心与呵护；她的行为鲁莽、冲动，欠缺考虑，我就及时给她引导和帮助。

说实话，刚开始用这个方法的时候我也拿不准，虽然我看了很多参考书，理论指导也是百分百科学，但心中难免会有"是不是太理想化、不适用"的疑问和顾虑。所幸女儿的表现打消了我的顾虑。她仍像往常一样喜欢做决定，愿意为决定付出行动；她心中有困惑时，会主动向我寻求帮助；她不开心时，愿意和我分享。女儿并没有和我有隔阂，她愿意向我打开心门，我知道，分层教养法起作用了，分层教养法是适合青春期孩子的。

具体我是怎么做的呢？我给大家详细说一说。

涉及认知方面，我会和女儿平等地探讨。关于家庭的旅游计划或财务计划，我们商议决定。我把女儿当作成人看待，并非她有绝对成人的水平，而是我允许她发表意见，表达看法，允许她有不同于我们成人的思想。

涉及情感方面，我会以大人的身份去爱护她。她和好朋友吵架，我会及时安抚她。她对我有一些不满，我会及时反思，若是我的错误，我会当面给她认错；若是误解，我也会向她坦诚。我要让她相信，在爸爸这里，她可以获得满满的安全感与爱。

涉及行为方面，我会以女儿为主导，给她足够的自由，我只在她向我求助时提供帮助。在安全的前提下，我尽量让她独立解决问题，以及做一些力所能及的事，如整理房间、衣物归类、书籍摆放、地面清扫、碗筷清洗，这些她可以自己完成的，我从不会替她做。

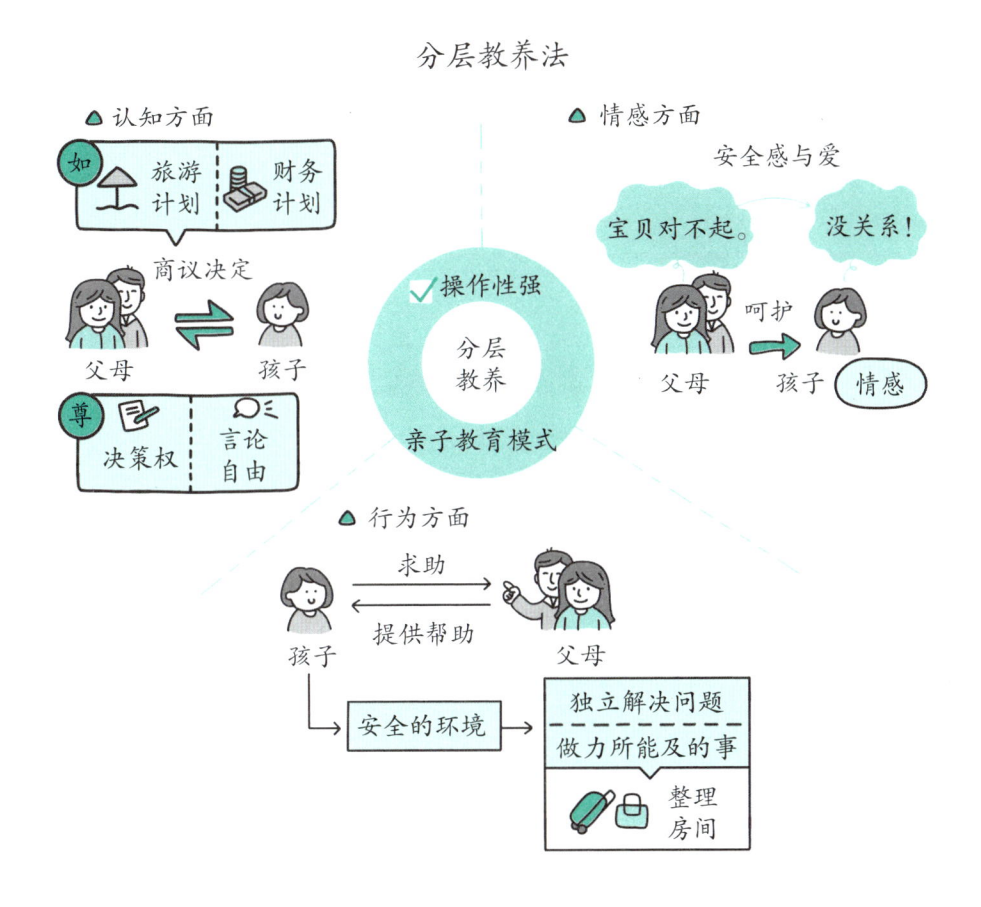

分层教养法

13 别错将"内疚教育"当作"感恩教育"

父母都期待自己的孩子能常怀感恩之心,但是我经常听到家长抱怨:"孩子越来不知道感恩,稍有不如意,就怨父母、怨他人。""在孩子眼中,别人为他所作的一切都是理所应当的,他已经习惯了被爱。""孩子缺乏感恩意识,变得冷漠与自私。"在我看来,孩子之所以会这样,根本原因在于父母缺乏对孩子后天的培养和引导。

✦ 认识内疚教育

在一所学校的操场上,上千名学生同家长、老师汇聚在一起。台上站着一位在讲感恩教育的讲师。他激情澎湃地说:"同学们,我们的父母养育我们多么不容易,他们所做的一切都是为了你……"斗志昂扬的演讲让一些孩子流下了泪水,家长们也很感动。之后,有的家长反馈:"我的孩子懂事了,知道跟我说谢谢了,回家还给我洗脚。"讲师用"糖衣炮弹"不断输出使孩子内疚的观念,如一切都是为了孩子,父母承担的痛苦和辛劳都是为了孩子有更好的生活,是孩子造成父母的苦难……这样的教育纯粹是内疚教育。

内疚教育在心理学上有一个对应的概念——愧疚诱导,指一段关系当中通过让对方感受到内疚,使对方服从自己的意愿。简单来说,作出"愧疚诱导"行为的人的内心活动是:不管你有没有错,我要让你觉得自己错了,你很差劲。这就类似于我们常说的PUA(指一方通过精神打压等方式,对另一方进行情感控制)。

内疚教育的主要表现形式,就是利用所谓的"愧疚"对孩子实施情感支配，让孩子被迫听自己的话。例如"我都是为了你""你不听话，就是害了自己""我每天在外工作累得要死都是为了谁，你倒好，考试考这么一点分"等，都属于内疚教育。

这种有条件的爱，会让孩子渐渐开始怀疑自己，否定自己。久而久之，孩子会认为自己是家人的负担，常怀愧疚感，习惯性往自己身上揽错。父母有任何不顺心的事，孩子都会以为是自己的缘故而去自责。

愧疚感强的孩子一定是让父母省心的孩子，因为他在压抑本性，不展现真正的自我。当他有烦心事或者遇到困难想寻求帮助时，他会有很多顾虑，比如会不会打扰到别人，会不会麻烦别人……如果父母对孩子从小使用内疚教育，孩子到了中学阶段可能会出现很多问题。

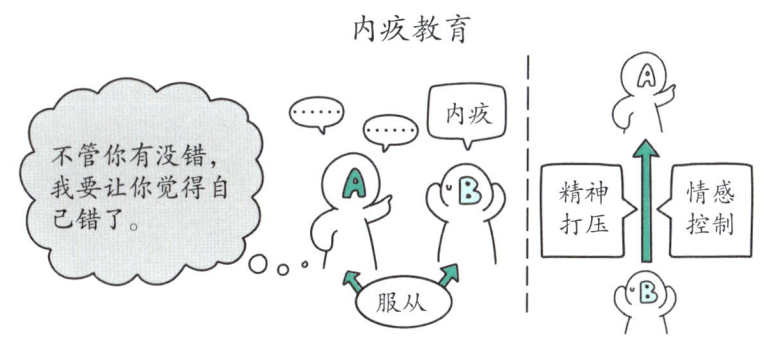

内疚教育

内疚教育（愧疚诱导）≈ PUA

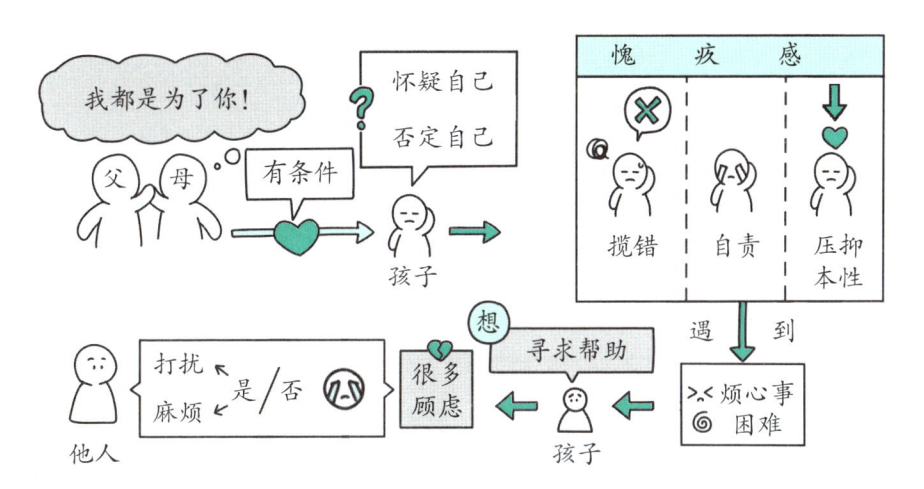

🌸 真正的感恩教育

感恩教育，主要是通过家庭、学校的教育，让孩子学会知恩、感恩。会"感恩"，对于孩子来说尤其重要。因为现在很多家庭都是以孩子为中心，孩子提出的要求，父母一般都会想办法满足，这就导致孩子养成以自我为中心的行为习惯，认为父母、老师的一切关爱都是理所当然的。让孩子学会感恩，其实也是在教孩子如何去关爱别人、尊重别人，唤醒孩子的感恩之心。

当然，感恩教育需要父母有意识地去表现出来，如果父母只知奉献，而不把自己的辛苦和付出呈现给孩子，孩子会无法切身感受到父母对他的关爱。"默默地爱"虽然珍贵，但不可取。爱要让孩子知道，才能激发起他的爱心，以及发自内心的感恩情怀。

除了父母的养育之恩，老师的教育之恩、社会的关爱之恩、军队的保卫之恩等都要有意识地引导孩子。孩子了解这些对他的关爱和守护之后，才会生发出感恩之心，进而转化为行动。

🌸 这样做孩子更懂得感恩

以身作则。父母想让孩子成为什么样的人，那么父母首先要成为这样的人。正如中央电视台的公益广告中"妈妈给奶奶洗脚，孩子给妈妈端洗脚水"那样，父母要经常对上一代的付出表达感激之心。如果做父母的不关心上一代人，孩子就会模仿父母，也会对父母没有感恩之心。

偶尔示弱，让孩子多些体验。父母可以多创造条件，让孩子为自己做些事。比如说，下班回到家后，让孩子倒杯水喝；身体不舒服，让孩子打扫房间……选择性地让孩子多些亲身体验，这样孩子会慢慢懂得父母的给予与帮助是一种"恩惠"，才能珍惜自己所拥有的一切，理解和关爱父母，而不是认为父母的付出是理所当然的。

这样做孩子更懂得感恩

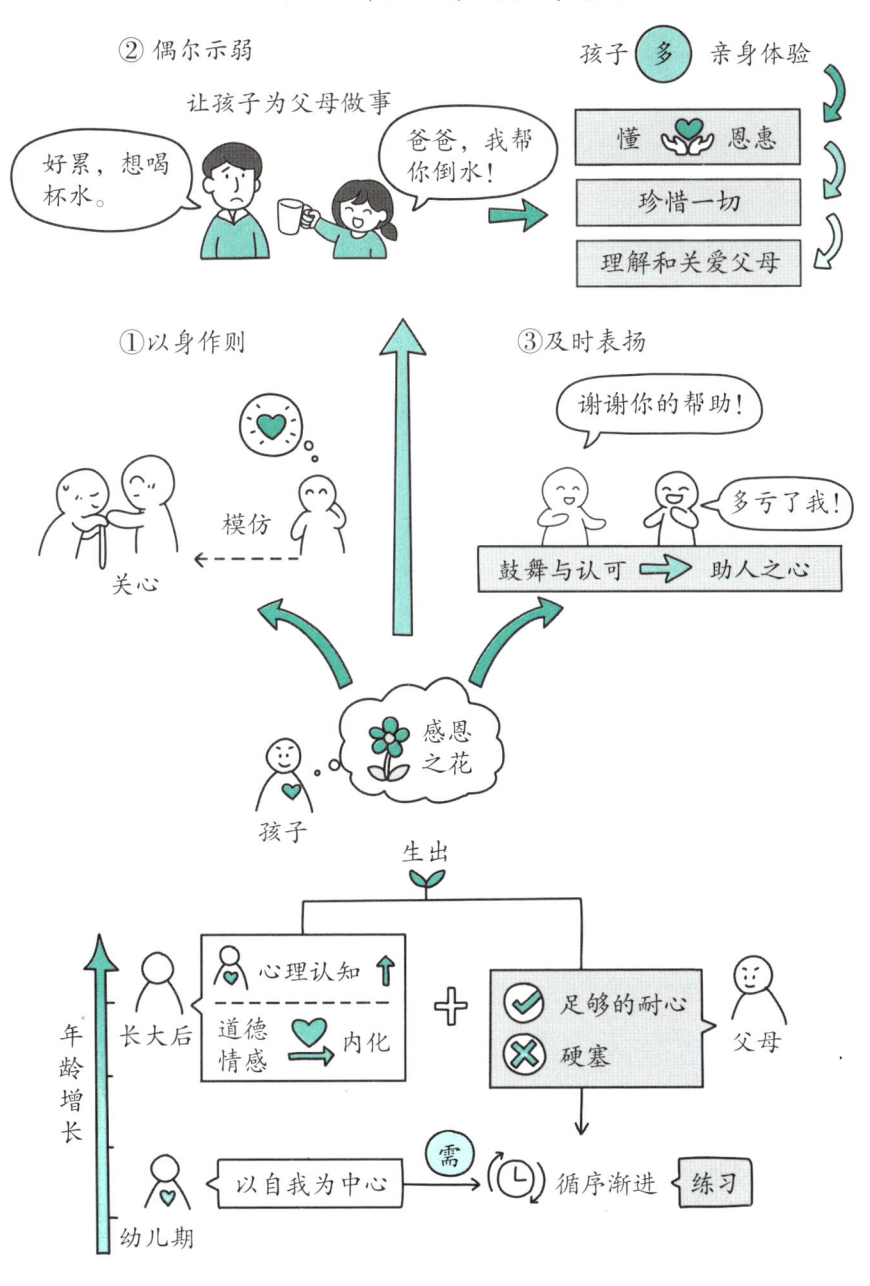

② 偶尔示弱
让孩子为父母做事

"好累，想喝杯水。" "爸爸，我帮你倒水！"

孩子 多 亲身体验
- 懂 恩惠
- 珍惜一切
- 理解和关爱父母

① 以身作则

模仿 → 关心

③ 及时表扬

"谢谢你的帮助！" "多亏了我！"

鼓舞与认可 → 助人之心

孩子 → 感恩之花

生出

长大后：心理认知 ↑ / 道德情感 → 内化

＋ ✓ 足够的耐心 ✗ 硬塞 父母

幼儿期：以自我为中心 → 需 → 循序渐进 练习

年龄增长

第一章 培养孩子爱的能力

及时表扬孩子。在孩子做了好事之后,不管他是主动做的还是被动做的,做得是否让父母满意,父母都要真心感谢孩子的付出,要让孩子由衷觉得"多亏有了我的帮助,事情才能这么快完成"。孩子受到鼓舞和认可之后,心情大好,也会进一步强化他的助人之心,进而持续地帮助他人。

需要注意的是,感恩这种能力是循序渐进习得的。人在幼儿时期,一般来说都是以自我为中心的,随着年龄增长,心理认知的发展,道德情感也在慢慢内化,进而才能发展出感恩之心,感恩之行,所以父母对孩子一定要有足够的耐心。只要父母给到孩子足够的心理营养,他的内心定会生出感恩之花。

第 2 章

给孩子建立安全感

安全感是一种从恐惧和焦虑中脱离出来的信心、安全和自由的感觉,是个人成长和发展不可以缺少的心理需要,对于孩子的意义更为重要。一个没有安全感的孩子,他在将来是没有底气抵抗风雨的,还会产生各种行为问题和消极心理。家庭是孩子获得安全感的主要来源。家庭环境、父母教育方式、亲子关系等,都对孩子的安全感产生很大的影响。

1 有安全感的孩子，内心更强大

孩子由于自身的弱小和独立能力的缺乏，会感觉到世界上处处潜藏着风险，时时充满了不确定性，而父母的关爱与呵护可以帮助他获得安全感。

❋ 家庭是孩子获得安全感的主要来源

孩子降临到这个世界后，安全感的需求就开始了。吃奶、睡觉、喝水等这些基本的生理需求，都需要父母及时给予回应和满足。若父母做到了这些，孩子就会感到温暖和安全。

孩子到了上学年纪，除了基本的生理需求，他还渴望得到父母的尊重、理解、支持与信任。孩子在学习知识和技能，与他人建立关系的过程中，若父母能够多多支持与鼓励，孩子则会更加安心和自主地探索外在世界，用知识和技能武装自己，与他人建立良好的关系，他的安全感也会更加持久和强大。

❋ 安全感缺失，会影响孩子一生

如果孩子缺乏安全感，会有什么表现呢？这是很多父母关心的话题。出于伦理考虑，心理学家曾用猴子做过相关的实验。

幼猴一出生就与猴妈妈分离，单独生活在一个陌生的空间中。这个空间有适宜的温度和充足的食物，但缺少了猴妈妈和伙伴的温暖与抚慰。在这种环境下成长的幼猴往往发育不良，长得瘦小，而且性格无常，行为怪异。当研究员把幼猴重新放回猴妈妈身边时，它们却很难适应群体生活。由于幼猴在隔离时期缺乏安全感，心理受到了严重创伤，它们以后都无法正常地成长和生活,这种影响甚至会贯穿一生。

人的情形和这些幼猴有相似之处。由于社会的变迁,大量新型家庭结构出现,如核心家庭、离异家庭、不完整家庭等,这些家庭在不同程度上影响着孩子的健康成长。

一般来说,离异家庭和不完整家庭不一定能给予孩子完整的爱,父爱缺失或母爱缺失的孩子,内心很容易充满遗弃感、自卑感、怨恨等消极情绪,以致不能有效建立安全感。有些核心家庭由于人数少,又依赖手机,家庭关系容易疏离,低频的互动也会降低安全感。

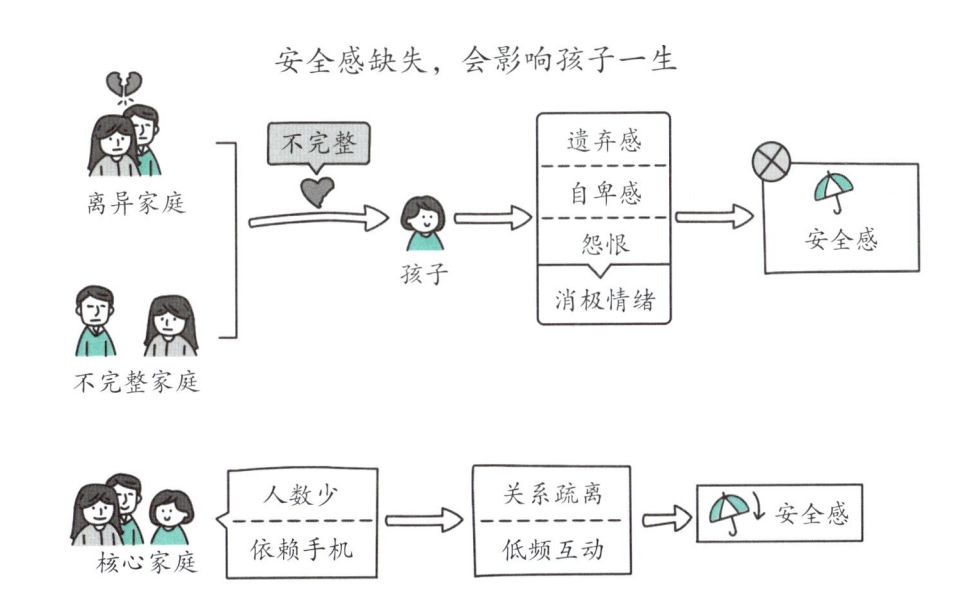

安全感缺失,会影响孩子一生

正如英国著名学者威廉·布卢姆在其《安全的感觉》一书中写道:"没有安全感,你必会有意无意的神经紧张,而你所正在进行的行为会受到'劫持'。缺乏安全感,人的和谐成长和成功就没有能量,由于陷入了无休止的紧张,由于你得保持进攻或防卫姿态,你渐渐已将精力耗光。"

🌸 三个方向，帮助孩子获得安全感

一个没有安全感的孩子，他在将来会没有底气抵抗风雨。家庭是孩子获得安全感的主要来源。家庭环境、父母教育方式、亲子关系等，都对孩子的安全感产生很大的影响。帮助孩子获得安全感，可从以下三个方向着手。

营造温馨、民主的家庭氛围。人只有生活在温馨的环境中才能获得精神上的满足，才能保持安定、愉快的心情，孩子安全感的建立同样也离不开温馨、民主的家庭氛围。在民主型家庭中，亲子之间的互动是平等的，父母经常会和孩子一起讨论问题，也会听取孩子的意见和建议，尊重孩子的选择。同时父母不会给孩子施加过大的压力，更不会用成人的标准要求孩子，当孩子遇到困难和出现偏差时，父母会耐心地给予指导和支持，让孩子感觉到有依靠。

营造温馨、民主的家庭氛围

民主型家庭 父母 →
- ✓ 讨论问题 ＋ 听意见
- ✓ 尊重选择 ＋ 不施压
- ✗ 成人标准要求 ＋ 指导

→ 孩子（有依靠）

寻求理性的家庭教育方式。溺爱和占有式的爱，都会造成孩子安全感的缺失。父母与孩子的爱应该是相互流通的。孩子在接受爱的同时也要学会去爱父母、爱长辈，爱能帮助孩子获得安全感，更能帮助孩子巩固安全感。当然爱也是有限度的，父母如果过分地宠爱孩子，这样的爱就会变质。父母在照顾孩子的同时，也要对孩子提出适当的要求，让孩子做力所能及的事情，这也是对孩子能力的培养。父母对孩子提出的要求要贯彻到底，同时要以身作则，做好子女的榜样。

寻求理性的家庭教育方式

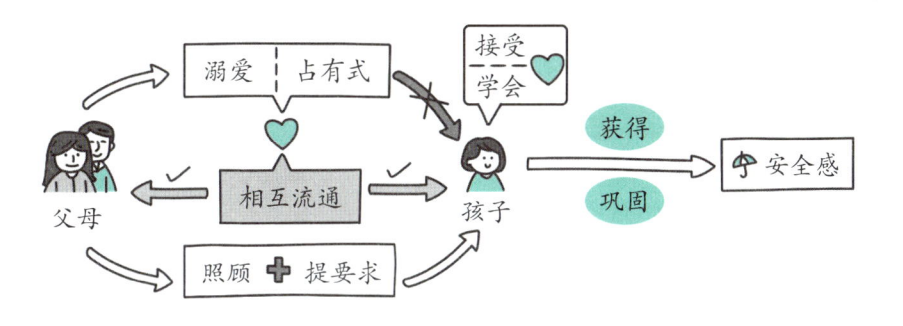

构建和谐的亲子关系。良好的亲子沟通能使孩子感受到父母的爱，增强其对父母的信任和依恋。父母要学会倾听孩子的声音，理性对待亲子间的代沟，尊重彼此之间的差异。开展亲子活动可以把父母与孩子的距离拉得更近，孩子在活动中也能够获得知识和提高能力，进而表现得更有自信，安全感也会更加充足。

构建和谐的亲子关系

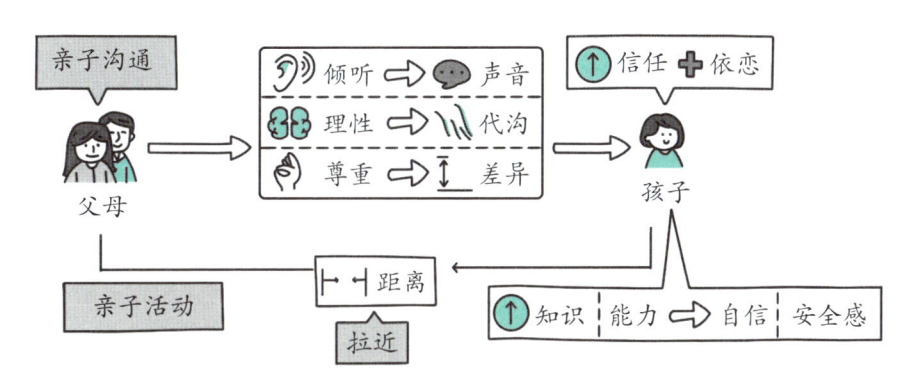

2 孩子经常咬指甲，怎么办

我常常听到一些父母反映："我的孩子非常喜欢咬指甲，有时甚至把指甲咬坏。孩子看电视的时候咬，上课的时候咬，坐车的时候咬，我每次看到都会及时制止，并且跟他讲咬指甲不卫生、指甲会难看等道理，但他似乎根本控制不住自己，有时还偷偷躲在被窝里咬。真想不明白为什么孩子这么喜欢咬指甲。"

❋ 孩子经常咬指甲的原因

孩子经常咬指甲，往往跟心理因素有关。我们想要帮助孩子有效地改变不良行为，便要了解行为背后的原因，再对症下药。从心理学角度理解孩子经常咬手指，可能有以下三个原因。

第一，缓解精神压力。 咬指甲在儿童身上并不少见。有些孩子随着年龄增长，这种行为会逐渐消失，而有的孩子咬指甲的行为则会持续到青少年甚至是成年。至于为何会有如此不同，还要从咬指甲的原因说起。

排除生理因素，孩子爱咬指甲往往和精神紧张有关。对于有些孩子来说，咬指甲是缓解精神紧张的方法。当孩子面对压力时，他会想办法缓解这种压力，如果此时一个行为让他感觉可以消除紧张感，那他就会下意识地依赖这种行为，并发展成一种行为习惯。比如，敏感内向的孩子去到新学校时，父母整天吵架孩子却无能为力时，一个自卑的孩子被老师当着全班同学的面批评时……这些境遇会让孩子失去对事情发展的控制，引发强烈的紧张与不安。孩子为了保持内心的平衡，迫切需要找到一个合适的情绪出口，而咬指甲既简单又安全，还能无形中缓解孩子的压力。

咬指甲是为了缓解精神压力

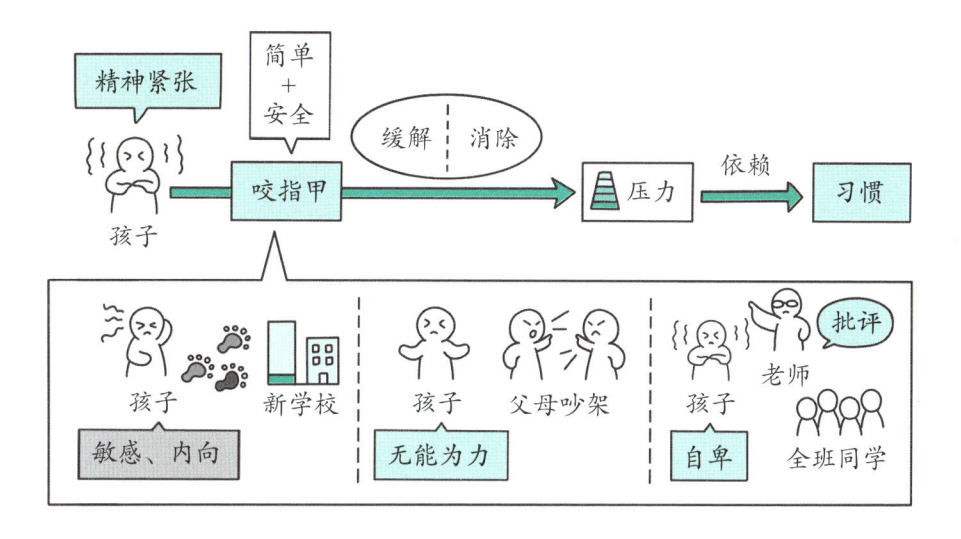

第二,"自废武功"。从心理动力学的角度来讲,很多表面看起来没有什么意义的行为,背后往往隐藏着很深的动机。如有洁癖的人反复洗手可能是想"洗掉"自己手上的病毒,经常被欺负的人可能是想"隐藏"自己的恶意,而咬指甲的人可能是想"咬掉"对他人的攻击性。

牙齿是人体最坚硬的器官,指甲是我们身上最尖利的部分,这两个都可以作为我们攻击的武器。用自己的牙齿咬自己的指甲,在某种意义上,是对攻击性的破坏和摧毁。

如果孩子在压抑自己的攻击性,他一定是遇到了无法伤害也无法远离的"仇人",这使他的心情极度郁闷和暴躁,可是内心无法发泄的欲望又蠢蠢欲动,孩子在这种冲突之下,选择"自废武功"——咬坏指甲。失去了攻击的"武器",孩子也只能作罢。

咬指甲是为了"自废武功"

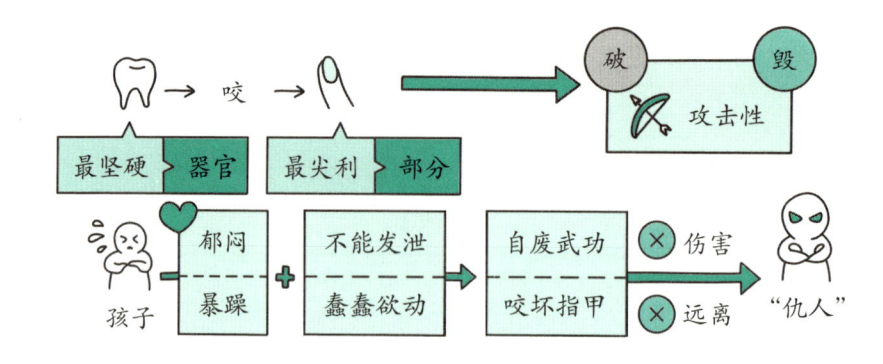

第三，**排解孤独**。有些性格内向的孩子很想和小朋友一起玩，但他不知道怎么去发展友谊和融入他人。一旦和小朋友发生矛盾，受到挫折，他会变得更加内向，渐渐把自己封闭起来，用咬指甲来排解内心的孤独。

咬指甲是为了排解孤独

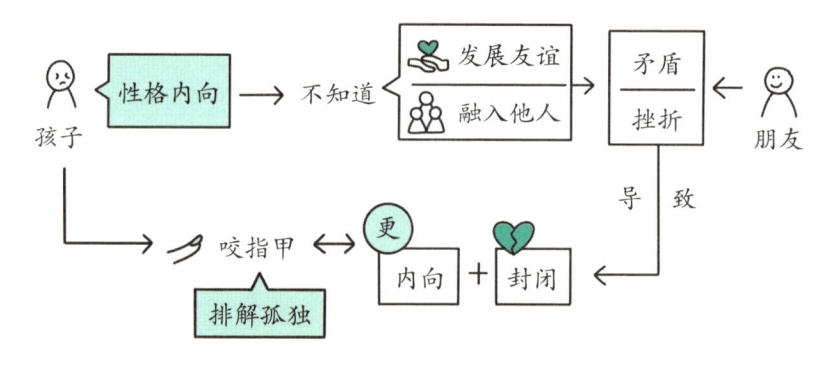

当然，即使在没有压力的环境中，如果孩子觉得无聊，也会咬指甲聊以慰藉，相当于找到一个可以做的事，打发无聊的时光。

❋ 矫正方法

我们注意到孩子有咬指甲的行为习惯时，一定要保持平静、温和的态度，而不是大加训斥。孩子咬指甲的行为大多与心理紧张有关，如果我们一味训斥，反而会让孩子的坏习惯愈演愈烈。

第一，与孩子寻找原因。我们发现孩子频繁咬指甲时，最好先确定有没有相关诱因导致孩子紧张、焦虑等。对于年龄小的孩子，我们要多花些时间观察，孩子在咬指甲之前，是否处于某种压力之下？咬完指甲后，心情是否得到了平复？如果答案均是肯定的，我们就要减少孩子的压力源。年龄大一点的孩子，我们可以与孩子一起寻找原因，让孩子自我分析，或者有意引导孩子回想什么时候会咬指甲，咬完指甲后心情的变化等。

与孩子寻找原因

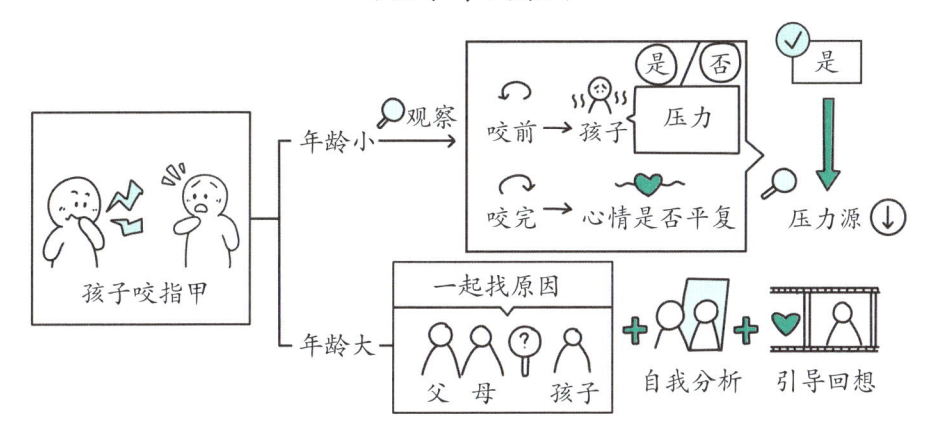

第二，营造有爱的家庭氛围。家庭教养方式也会对孩子咬指甲产生一定的影响。我们的过度保护、过度控制、严厉惩罚，甚至我们的焦虑都会影响到孩子。此时的孩子正处于自我意识形成期，我们应尊重孩子，给孩子营造关爱的环境，多站在孩子的角度去理解孩子的感受，耐心倾听孩子的倾诉，多与孩子互动，给孩子充足的安全感。在孩子产生焦虑、挫败的情绪时，我们要多陪伴和鼓励，允许他偶尔出现咬指甲的行为。我们要相信，孩子在有爱的家庭环境，一定会减少咬指甲的行为。

营造有爱的家庭氛围

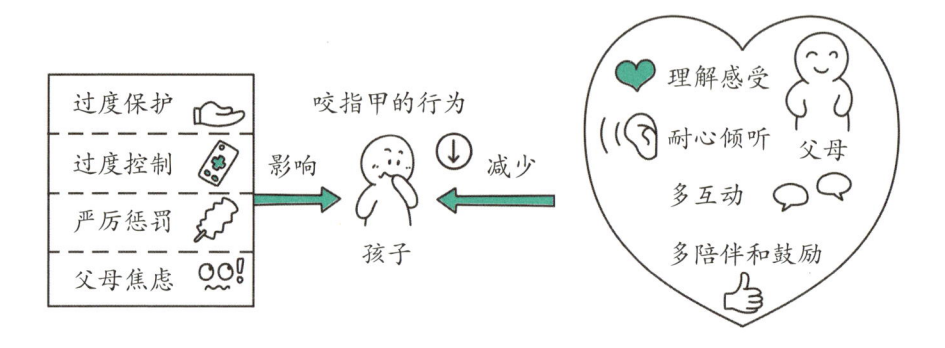

第三，分散注意力。如果孩子咬指甲已经成为下意识的行为，就需要我们分散孩子的注意力。比如孩子在看电视时咬指甲，我们可以在他手里放个玩具；上课的时候咬指甲，可以让他把橡皮握在手里。当他的手在忙时，可能就没有机会咬指甲了。

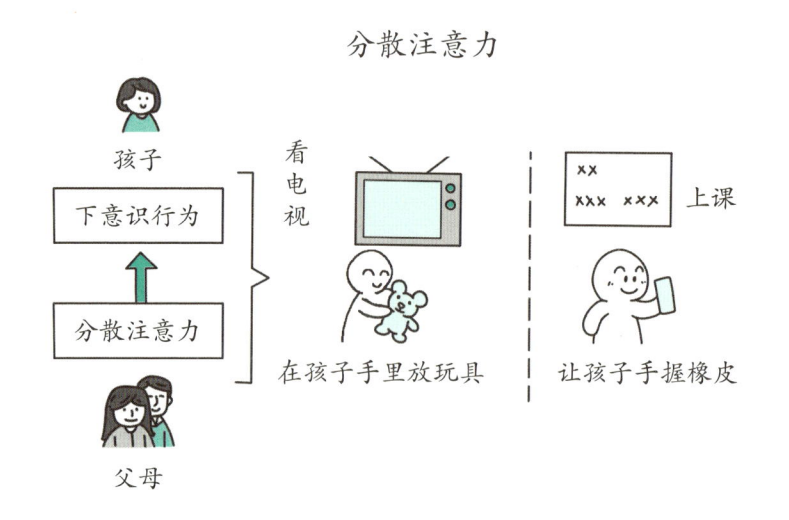

分散注意力

3 父母应做好三种陪伴

在亲子教育过程中，良好的陪伴可以改善亲子间的关系，进而对孩子的学习、交友、情感等方面都有较好的促进作用，不良的陪伴则会产生相反的效果。中小学阶段是孩子身心发展的关键期，父母的陪伴尤其重要。

✦ 陪伴的误区

有时候父母可能会有这样的疑惑：明明我下班之后都陪着孩子，但孩子仍觉得我陪他的时间不够，这是怎么回事呢？其实这是很多父母存在的认知误区，认为只要自己多花一点时间跟孩子在一起就好了，实际上父母跟孩子的心灵并不相通，也不知道孩子在想什么。良好的亲子陪伴是需要情感加持的，只有空间陪伴是远远不够的。

陪伴的误区

可我们一下班就都陪着你啦！　　下班后　　陪我的时间不够！

孩子在想什么呢？

陪孩子 仅是 空间陪伴 ⇒ 不够

陪伴时间多 ≠ 心灵相通

美国心理学家哈洛做过一个恒河猴实验，实验者将婴猴从出生第一天起同母亲分离，以后165天中与两个假母亲——铁丝母猴和布料母猴生活在一起。铁丝母猴胸前挂着奶瓶，布料母猴则没有奶瓶。铁丝母猴浑身都是钢丝网，给人一种冷冰冰的感觉，而布料母猴虽然没有奶瓶，但它浑身毛茸茸的，看上去更温暖一些。

刚开始的时候，婴猴害怕极了，缩在一个小角落里，浑身发抖，两只假母猴丝毫没有引起它的兴趣。没过几天，令人惊讶的事情就发生了，婴猴实在饿得受不了，冲向铁丝母猴咕咚咕咚地喝着奶水，喝饱之后，快速地跑回了布料母猴的怀抱，满意地在布料母猴身上蹭了蹭……等到婴猴再次饿了，仍和之前一样，快速冲向铁丝母猴，吃饱之后又快速返回到布料母猴的身边，如此这般，循环往复。

这个实验告诉我们，父母对孩子的养育不能仅停留在物质层面，要想孩子健康成长，需要建立孩子对父母的情感依恋，让孩子在父母那里得到充足的安全感。孩子有了安全感，才能逐渐形成坚强、自信等良好的品质。

真正意义的亲子陪伴

❋ 陪伴的三个层次

恒河猴实验的结论在亲子陪伴中也同样适用。父母对孩子的陪伴并不是单一的空间陪伴，还应涉及情感陪伴和教育陪伴。在我看来，陪伴是有层次之分的。

第一个层次，物理空间的"陪"。"陪"的意思是"跟随在一起，在旁边做伴"，即父母和孩子在同一个空间相互做伴。接送孩子上下学、带孩子探亲访友、陪孩子买学习用品等都属于"陪"。

陪伴的第一个层次

第二个层次，心理空间的"伴"。"伴"的意思是"同在一起而能互助的人"。亲子之间互相依赖，互相帮助，互相关怀。孩子的想法，父母是了解的；父母对孩子有什么期望，孩子也是明白的；孩子最近状态不好，父母能够感受得到；父母最近心情不好，孩子也能关注到。亲子之间有更多心理的依存，以及精神上的交流和共情，这比单纯的"陪"更高一级。

陪伴的第二个层次

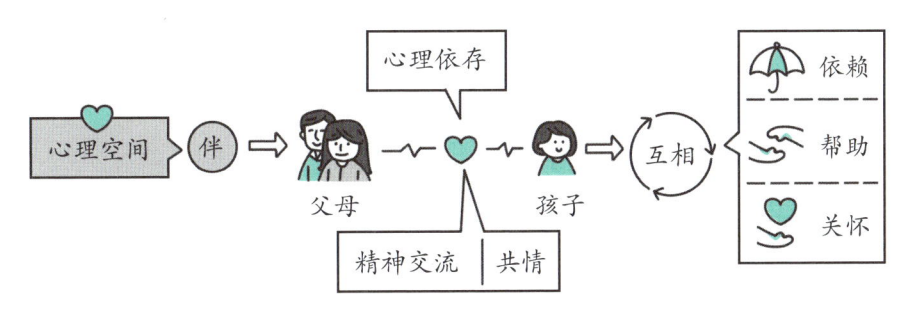

第三个层次，教育意义的"信"。"信"的意思是"双方互相认可且互相成就"。孩子觉得父母是很出色的带领者，相应的，父母也认为孩子是一个好的追随者。双方互相认可和欣赏，在交流互动中，既能看到彼此的优势，也能指出彼此的不足。亲子可以一起畅谈人生，也可以分享私密，就在这种类似朋友的相处中，共同成长，相互成就。

陪伴的第三个层次

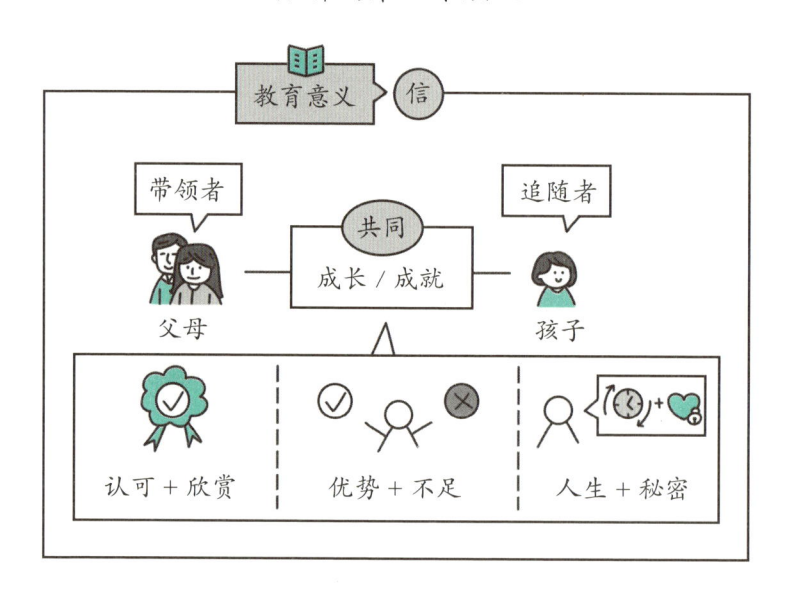

陪伴的层次是递进式的，有了第一层次的"陪"，第二层次的"伴"，才会达到第三层次的"信"。在亲子关系里，"信"是陪伴的最高层次。达到这种境界时，即使父母和孩子没有天天在一起，孩子也能感受到父母心里有自己，自己是父母最爱、最信任的人。

❋ 亲子陪伴的策略

如何做好对孩子的陪伴呢？父母可以检查一下自己已经做到了哪个层次的陪伴，陪伴层次不同，应对的方法也是不同的。

对于很少陪伴孩子的父母而言，主要功课是提升陪伴的量，即增加陪伴孩子的时间。我们常会听到父母对孩子说："哎，我没有时间陪你了。"孩子对父母说："你们答应我要去旅游，都好几年了还没有去。"父母则回应说："我现在工作忙，没有时间。"这样的回应，使得孩子感受不到父母对自己的关心和在意，不利于孩子的心理成长。因此，若是父母还没有做到基本的"陪"，首先需要增加陪伴孩子的时间，后续才有可能提升陪伴的层次。

对于已经陪伴孩子但是效果不佳的父母而言，主要工作是提升陪伴的品质，从"陪"到"伴"，甚至走向"信"。如果陪伴的质没有提升，即使陪伴的量得到提升，质也可能会下降。如果父母和孩子在一起的时间都在吵架，互相攻击，双方的心理防御也在提升，在这种情况下，陪伴的时间越长，品质反而是下降的。

我们正处在一个信息时代，时间宝贵，因此跟孩子的相处更加需要注重陪伴的质量。虽然我们可能为了生活没有和孩子时刻在一起，但只要能和孩子做到有效沟通和心理联结，孩子就能感觉到父母背后强大的支持，亲子关系也会变得更亲密。

4 孩子不敢一个人睡

孩子到了一定年龄，父母就会试着和孩子分房睡觉，但是有的孩子迟迟不敢一个人睡觉，觉得晚上有"鬼"或者"怪兽"来抓他，父母为此烦恼不已。有些父母觉得孩子怕黑、怕"鬼"是因为胆子小，要锻炼孩子的胆量；有些父母会不断地跟孩子解释，这个世界上根本没有鬼，别自己吓自己……科学的解释究竟是什么呢？当孩子说"爸爸妈妈，我不要一个人睡"时，父母应该如何做呢？

✿ 泛灵心理

心理学家让·皮亚杰认为，幼儿期的孩子普遍存在一种独特的心理现象——泛灵心理，即这个时期的孩子会把所有的东西都看成是有生命的。

在泛灵心理的影响下，孩子常把玩具当作活的玩伴，与它们游戏、说话，甚至喜欢把自己的秘密告诉玩具。这个过程中，孩子的情绪得到释放，也有利于孩子的情感表达。同时这个阶段的孩子会有更多的思考，思维更容易突破与发展。

泛灵心理的消极作用也很明显，会让孩子对黑暗产生想象，认为黑暗中有魔鬼，进而造成孩子害怕黑暗。这个阶段的孩子，很难理解"鬼是不存在的"这个信息。父母真正要做的事，不是如何让孩子相信没有鬼，而是要给孩子足够的安全感，一步步带领孩子走出对黑暗的担心与害怕。

父母可以接纳孩子在幼儿期的泛灵心理，倾听孩子在黑暗中感受到的世界，有针对性地和孩子一起想办法应对恐惧，陪伴孩子适应黑暗环境。

泛灵心理

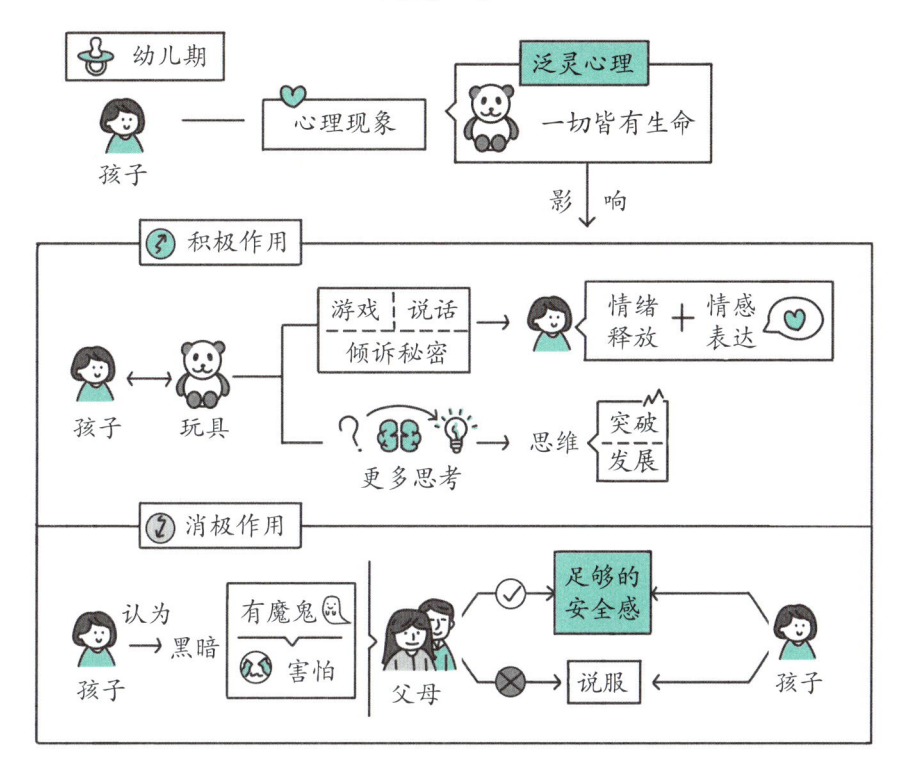

```
幼儿期
孩子 —— 心理现象 ← 泛灵心理（一切皆有生命）
                    ↓ 影响
积极作用
孩子 ↔ 玩具 → 游戏 说话 倾诉秘密 → 情绪释放 + 情感表达
              更多思考 → 思维突破发展

消极作用
孩子 认为黑暗 → 有魔鬼 害怕 → 父母 ✓ 足够的安全感 ← 孩子
                              ✗ 说服
```

❀ 缺乏安全感

孩子不敢一个人睡觉，背后反映的是安全感的缺失。

有些妈妈在孩子不到6个月的时候，就给孩子断奶重返岗位，平时把孩子交给老人带，即使爷爷奶奶对宝宝很亲，可是父母给孩子的爱是无法取代的，婴幼期是孩子最需要父母陪伴的时候，如果这个时候父母缺席，会让孩子缺少安全感。

在一个家庭不和睦、父母关系紧张的氛围中，孩子的内心是紧张、焦虑和缺乏安全感的。孩子怕黑，不敢一个人睡觉，他潜意识中有对亲子关系的担忧，觉得自己随时会被抛弃，现在的生活自己不可掌控。

缺乏安全感

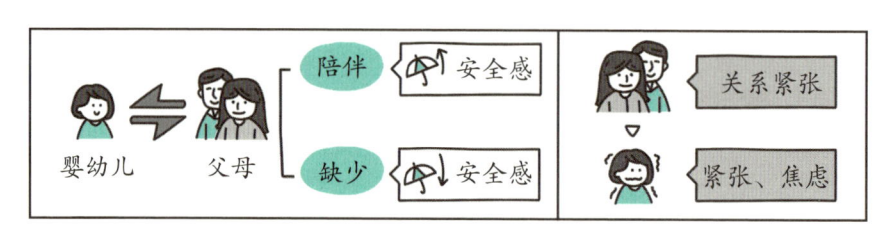

❋ 接纳孩子的害怕

从和父母一起睡，到分房一个人睡，孩子会经历恐惧、害怕等情绪。有些父母遇到这种情况时，第一反应是孩子胆子小，会用语言嘲笑或责备孩子。恐吓和批评教育会让孩子觉得害怕是羞耻的、不应该的，之后他可能不再展示他的害怕，而是把害怕隐藏起来。

父母的正确做法是接纳孩子的害怕。对待孩子的害怕，父母应该为他创建一个安全的空间，不断地给他更多的心理支持。如拥抱孩子，抚慰孩子，舒缓他身体的感受；在孩子睡前讲一些温馨的故事，等孩子熟睡之后再离开；带孩子去一些好玩、有趣的地方好好放松……这样做，可以让孩子感觉到父母的关心与爱护，逐渐建立起安全感，也让他知道这是成长必须经历的一个过程，慢慢试着接受一个人睡觉。

接纳孩子的害怕

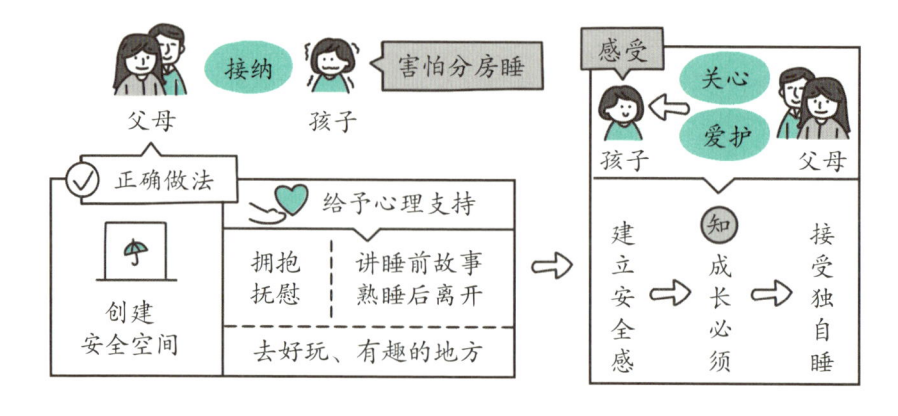

✿ 营造好的睡眠环境和鼓励孩子

在日常生活中，父母要多陪伴孩子，告诉孩子爸爸妈妈会在他的身边，让孩子不要怕，给孩子营造一个好的睡眠环境，如大人说话的声音或电视声音小一些，枕头要舒适，睡衣要松软、宽大等，这样孩子才能安然入睡。

父母还要肯定孩子为克服恐惧所做的努力。如果孩子不开灯也睡得很好，父母就赶紧鼓励："这段时间你太棒了，不开灯也睡得很好。"这种鼓励不需要太刻意，不经意间说出来效果会更好，让孩子知道自己的方向是对的，当他得到强而有力的支持，就会有很大不同。

营造好的睡眠环境和鼓励孩子

一直陪着你，不要害怕！

陪伴，营造好的睡眠环境

你太棒了，不开灯也睡得很好。

肯定孩子克服恐惧的努力

孩子的成长需要父母的引导和陪伴。父母平时多给孩子一个拥抱，多给孩子说鼓励的话，多给孩子营造爱的成长空间，孩子会更有安全感，更能健康快乐地成长。

5 孩子转学不适应，该如何开导

因为工作变动或搬家等，父母不得不让自己的孩子转校学习，但有不少孩子在经历环境变化后，会出现人际关系适应不良、学习成绩退步等问题，有些孩子甚至需要经过一年多的调整才能适应新环境。在这个适应过程中，如果仅靠孩子自己的力量，而学校老师、父母不重视不关注的话，极易伤害到孩子的自尊心和情绪，从而使孩子对新环境产生畏惧和厌恶。作为父母，我们应该如何帮助孩子呢？

❋ 为何转学后会不适应

转校生作为学校中的一部分特殊群体，他们不仅要保证学习的质量，还要额外承受着适应新环境的压力。转学进入新学校、新班级学习，环境的变化和教学方式的改变等都会影响到转校生的学习适应性。学习适应性的问题直接通过考试成绩退步、作业质量不高等呈现出来。学习是学生当前的主要任务，也是学校、家庭关注的焦点。学业上的挫败感会影响到他们的自信心，进而阻碍他们与同学、老师的正常交往，无法进行正常的学校生活。

有一部分孩子离开原有熟悉的环境，进入新班级接触新老师和新同学时，会产生一种不安全感和本能的抗拒。他们觉得自己不属于这个班集体，难以融入其中，缺乏归属感。再加上学习适应不良，跟不上老师的进度和同学的节奏，进而出现情绪低落，对父母也更加依赖，希望能够获得更多的关注。也有些孩子因此变得暴躁，会因为一些小事情而发脾气。部分转校生的父母却不太注意孩子的情绪变化，忽视了孩子的心理需求，将仅有的精力都用来关注学习成绩。如果周围的人无法及时给孩子提供有效的支持，就会使得孩子的情绪适应问题日益严重，进而影响到孩子正常的学习生活。

为何转学后会不适应

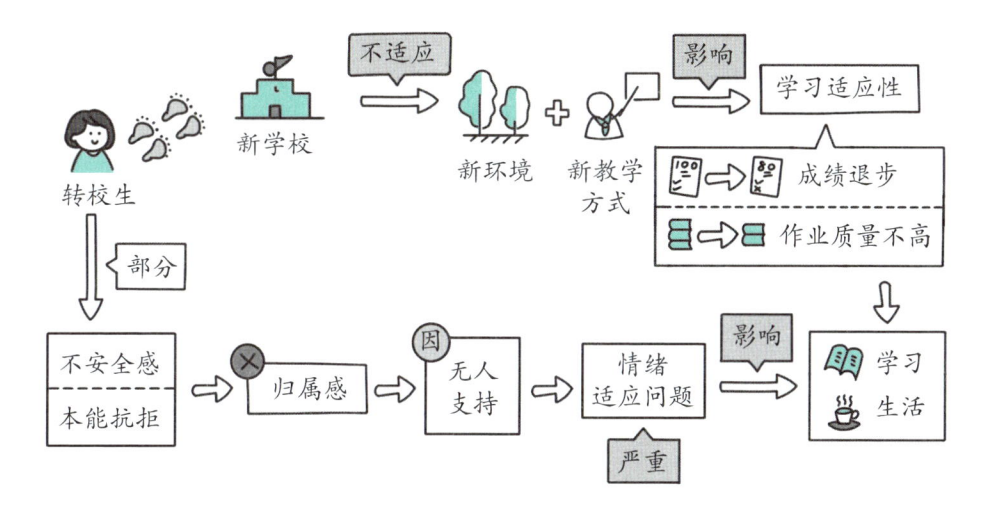

做好心理准备

父母要重视孩子转学，想尽方法帮助孩子顺利度过这个敏感期。当然，父母要做好充分的准备工作，提前告诉孩子，新环境和旧环境的不同，饭菜怎么样，休息多长时间，在新学校可以学到什么，会受到怎样的关注，这里有哪些熟人等。如果父母提前对新学校做一些了解，告诉孩子一些新鲜有趣的事物，也会让孩子对新学校有所期待。

孩子进入新学校后，父母要给孩子预留三个月的心理适应期。在这期间，父母要给予孩子更多的关注，亲自接送孩子上下学。如果是寄宿学校，父母要多和孩子保持电话沟通，排解孩子心中的郁闷。

做好心理准备

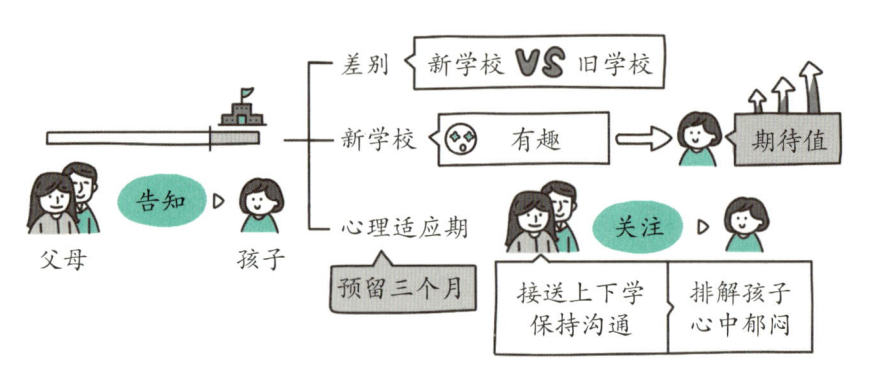

父母 告知 孩子
- 差别：新学校 VS 旧学校
- 新学校：有趣 ⇒ 期待值
- 心理适应期 关注
  - 预留三个月
  - 接送上下学 保持沟通
  - 排解孩子心中郁闷

❋ 积极关注，多帮助孩子

当孩子面临新环境的适应问题时，我们要多关心孩子，成为孩子的心理支持者。在新学校，孩子会担心被欺负，害怕结交不到新朋友，甚至还担心无法融入新集体，这是转校生的普遍心理。作为父母，我们要多倾听孩子的心声，关注孩子的焦虑与不安，用家庭和谐、爱的力量，促进孩子更快更好地去适应新环境。

我们要和孩子一起渡过这个难关，而不是让孩子独立面对。例如，孩子进入新环境后，学习方面跟不上，我们要给予帮助。我们要主动融入班级的家长群，和任课老师积极沟通，多了解自家孩子的学习情况与情绪状态，与学校老师搞好关系，共同合作，等等，这样更有利于孩子适应新环境。

我们也要有意识地给孩子分享人际交往的技巧，如教会孩子如何倾听和交谈，如何赞美他人，如何和他人和谐相处等。当孩子得到同伴的肯定和认可时，孩子会更快地融入新环境。

积极关注，多帮助孩子

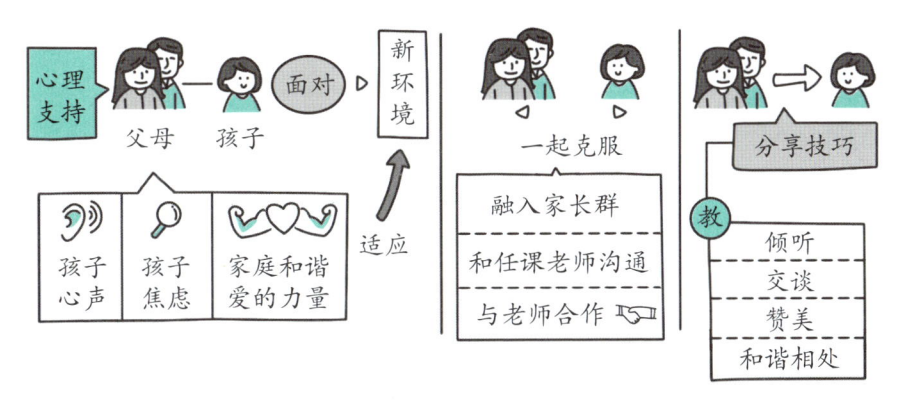

❀ 寻求专业人士的帮助

如果父母已经做出了很大努力，也跟孩子多次沟通，可发现孩子成长的需求还是无法得到满足，这时就要及时寻求专业人士的帮助，建议父母找家庭教育指导师去做亲职辅导。亲职辅导主要是对父母提供如何为人父母的教育与帮助。由于每个家庭的情况不同，孩子的问题也各异，一些个性化的亲职辅导是非常有必要的。家庭教育指导师可以帮助父母更好地认识自己及自己的孩子、家庭，辅导父母如何科学有效地陪伴孩子，如何给孩子更多的支持。相信在专业人士的帮助下，父母的理念和方法会得到全新的升级，这样孩子的转学适应问题就能得到更好的解决。

寻求专业人士的帮助

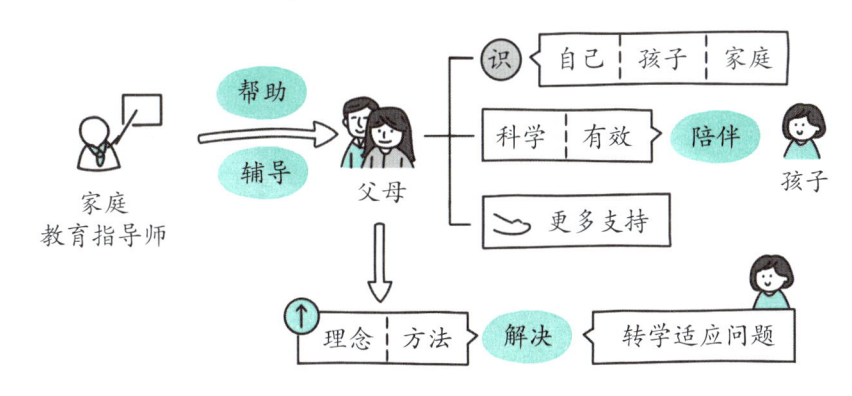

6 当孩子说"我不想上学"

父母都期待孩子能够快速适应学校的生活，开心地学习，然而现实生活中，有些孩子却说："学校是个让人讨厌的地方，我不想去上学！"父母为此感到困惑："为什么孩子不愿上学？"也不知道怎么解决这种棘手的问题。基于这一现状，我们现在来聊聊孩子不愿上学的原因与对策。

❀ 孩子自身的性格原因

有一些不愿上学的孩子性格比较敏感、内向且胆小，对自己的评价低，但自尊心比较强，很在意周围人是不是喜欢自己，自己是不是有能力获得好成绩和好人缘。当他在学校遇到压力或人际关系紧张时，他宁愿躲藏起来，保护自己脆弱的心灵。

这种性格特点往往和他小时候的经历有关。这类孩子大多在幼年时期经常受到一些恐惧刺激，导致其缺乏安全感。如和父母长期分离，没有建立安全型的亲子依恋关系；孩子一做错事，父母就厉声打骂；父母威胁孩子要好好学习，否则就不管他，等等。那时候孩子的自我意识没有完善，他对父母有很强的依赖心理，害怕离开父母，往往父母要求什么就做什么。

随着孩子自我意识的逐步增强，他由对父母的依赖延伸到对同伴、同学、老师、环境的在意，不安全因素也在逐步扩大。孩子骨子里充满了自卑，他不敢面对任何的否定，不愿意上学，可能是逃避学习，也可能是逃避人际关系和不安全的学习环境。

孩子自身的性格原因

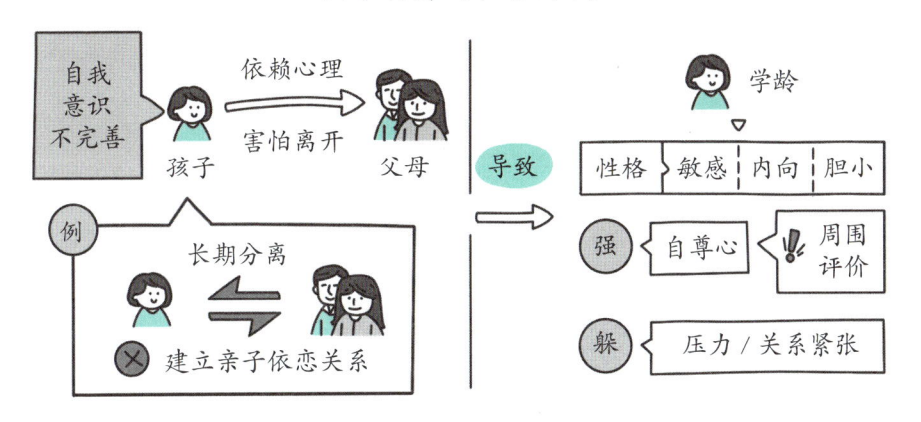

父母溺爱孩子

有的父母对孩子溺爱，容不得孩子受一丁点儿委屈，凡事都替孩子安排妥当，这样孩子往往会对自己没信心，总想待在父母的羽翼下，不愿独自去面对问题，一旦与父母分离，孩子就会产生分离性焦虑，而逃避上学既可以远离那些不熟悉的人和事，又可以重新回到家中得到保护。

父母溺爱孩子

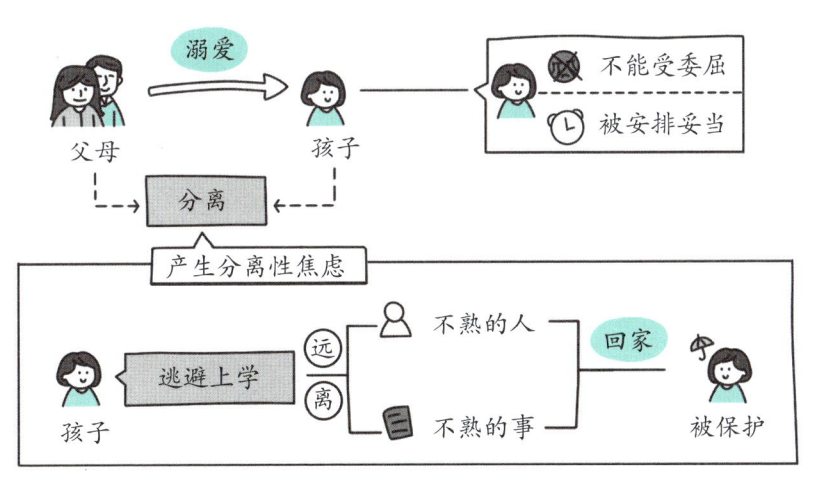

❋ 父母对孩子期望过高

儿童心理学和教育心理学的研究表明，小学生的学习兴趣和学习动机受家庭教育的影响很大，父母的主导倾向是什么，对孩子有何期望和要求，往往决定着孩子愿不愿意学习和怎样去学习。

如果父母对孩子期望过高，总是苛求孩子考高分，孩子就会对学习没了兴趣，甚至把学习看成是沉重的负担。尤其是当父母的期望远超孩子的能力范围时，孩子更是会厌倦学习，厌倦学校，产生强烈的厌学情绪。

父母对孩子期望过高

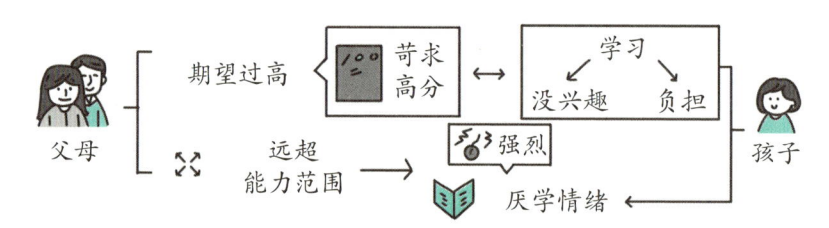

❋ 增加快乐的体验

遇到孩子不愿去学校的情况，父母一定要保持冷静，克制自己的情绪。生气是解决不了问题的，教育孩子一定要多用心，要积极地开导孩子。问清楚孩子不愿上学的原因后，就要寻找合适的方式解决。

孩子不愿上学和自身的性格有很大的关系，而性格养成和家庭教育是分不开的。一个快乐的孩子会有很强的好奇心和求知欲，也乐意去尝试和接受挑战。想让孩子快乐首先从父母做起，父母要学会用孩子的语言和孩子沟通，和孩子做好朋友，这样当孩子不高兴的时候，父母也可以帮助孩子调解情绪。父母在节假日可以带孩子多出去玩玩，让孩子多和外界接触，同时鼓励孩子和同龄小朋友玩耍。还有重要的一点，就是不要强迫孩子做他不喜欢的事。

❋ 让孩子觉得有价值、有自尊

真正的自信是建立在真实的成功经验之上的。父母可以制造一些机会，帮助孩子积累成功经验，比如在规定时间内背诵一首古诗，如果孩子提前完成，此时父母就要顺势鼓励孩子，夸赞孩子记忆能力强，这么快就背出来了。这是在无形中帮助孩子树立自信心。

当一个孩子觉得自己有价值时，他的自尊就建立起来了。他遇事不会逃避，也不会被别人的看法所左右。父母要鼓励孩子多发表自己的意见，条件允许的话，按照孩子的意见去行动。父母也可以适当向孩子求助，帮孩子增加助人的成就感，在这个过程中，父母要有耐心，多给孩子一些关爱。

如何改变"不想上学"的情况

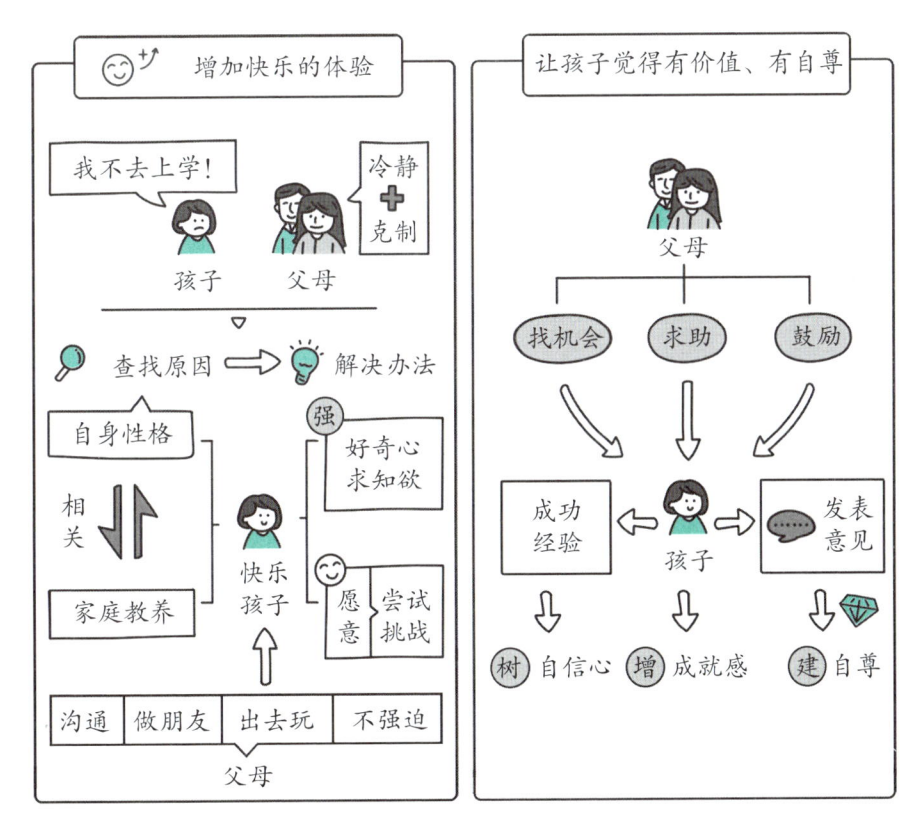

7 夫妻离婚要不要告诉孩子

夫妻之间没了爱，离婚是很正常的，但是一牵涉孩子，会让决定离婚的夫妻特别纠结和折磨。"要不要告诉孩子我们离婚"是让他们感到非常困扰的问题。父母害怕孩子知道后接受不了，心理上会有阴影。这种心情可以理解，毕竟父母分开，对孩子来说是一件大事，谨慎点是应该的。至于要不要告诉孩子，我的态度是明确的：要告诉孩子！

❋ 孩子要有确定感

孩子是非常敏感的，他的感情很细腻，父母的感情好不好，孩子的心里是能感受得到的，即便双方假装得很好，孩子也能觉察到不对劲，也能感觉到事情朝着不好的方向发展。这种感觉让孩子充满不确定性，内心既无助，又非常恐惧和不安……不确定性是一种心理压力源，使人们的身心长期维持在半激发状态，从而导致身体的调节机能和抵抗系统负荷过重，最终导致各种疾病的发生。

早在1966年，心理学家就对不确定性展开了实验研究。结果发现，相对于不可预知的电击，被试者更倾向于选择直接立即的电击，并且被试者在不可预知的电击状态下，感受到更多的焦虑与无助，受到的电击反应也更为强烈。

可预测的痛苦所带来的压力比较小，因为当环境安全时，被试者可以学习降低防御和放轻松。过度忧心不确定性，足以使我们钻牛角尖而产生极具破坏性的压力反应。很多时候我们不是被糟糕的事情打败，而是被不确定性打败。

在孩子的心理发育和成长过程中，我们要尽量让孩子产生确定感。这种确定感对他独立人格的形成、自尊及价值感的提升具有积极意义。如果一个孩子在成长过程中，他内心是诚惶诚恐、没有确定感的，这对他人格的塑造是很不利的。

孩子要有确定感

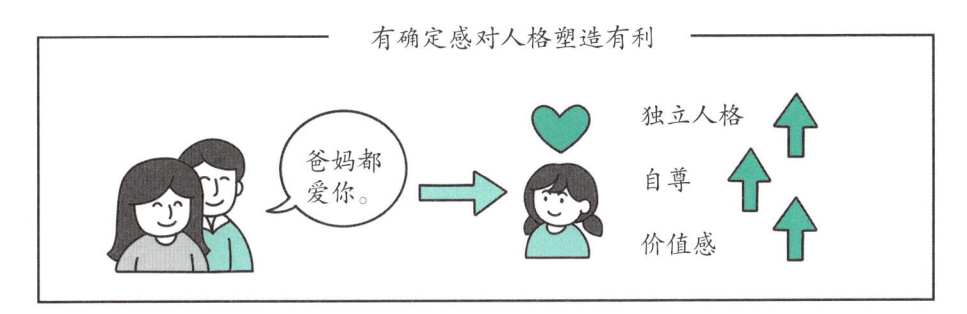

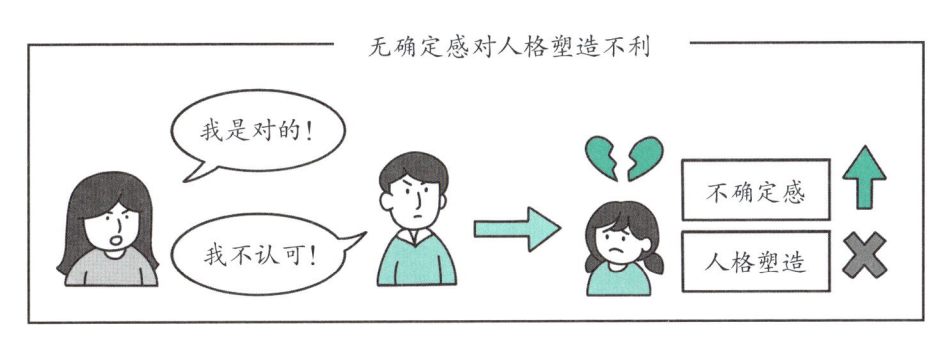

有确定感对人格塑造有利

爸妈都爱你。→ 独立人格↑ 自尊↑ 价值感↑

无确定感对人格塑造不利

我是对的！ 我不认可！ → 不确定感↑ 人格塑造✗

如何告诉孩子

确定要告诉孩子后，如何开口是个难题。离婚已成事实，不可能改变，不管父母以什么方式说，这个事实都会伤害到孩子，父母要提前做好思想准备。现在父母所能做的，就是尽量把伤害降到最低。

告诉孩子离婚的原因。告诉孩子离婚这件事，应该是父母双方一起，不能单方面推卸给一方。如果一方不在场，会让孩子产生疑虑和不安全感，觉得自己是被抛弃的。父母要心平气和地告诉孩子，离婚是因为父母不相爱了，两个人在很多方面都无法达成共识，在一起不再快乐，无法相互倾听和倾心交谈，还会说一些相互伤害的话，也没有办法继续在一起生活。特别要向孩子解释，离婚是父母两个人做的决定，和孩子没有关系。

告诉孩子离婚的原因

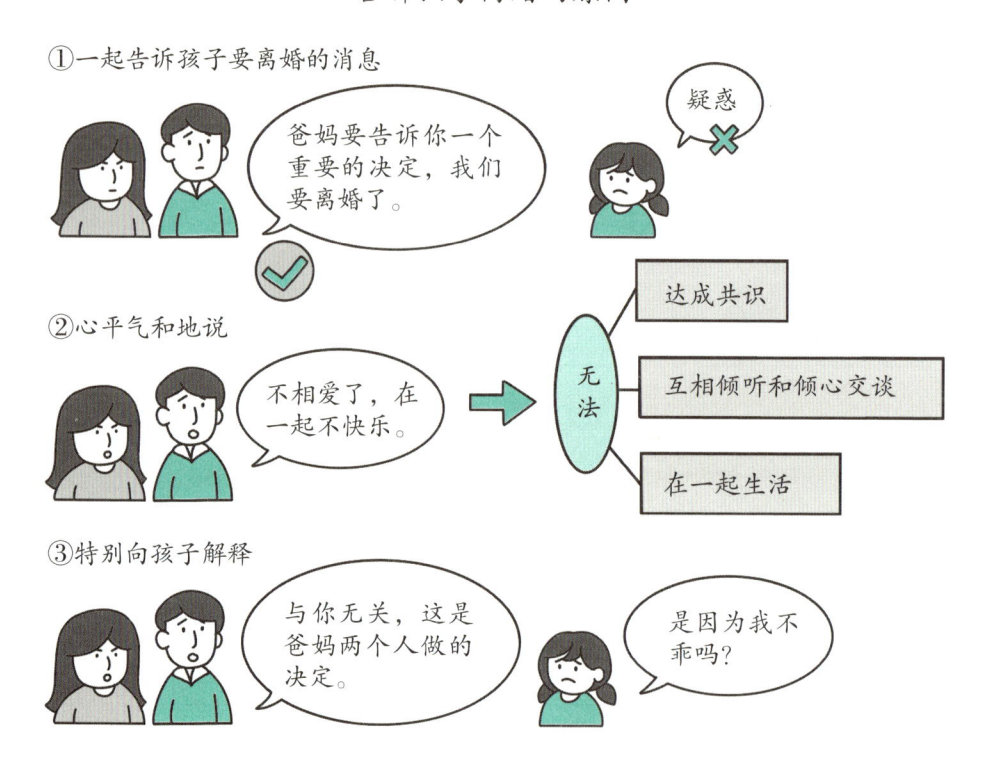

① 一起告诉孩子要离婚的消息

爸妈要告诉你一个重要的决定，我们要离婚了。

疑惑 ×

② 心平气和地说

不相爱了，在一起不快乐。

→ 无法

- 达成共识
- 互相倾听和倾心交谈
- 在一起生活

③ 特别向孩子解释

与你无关，这是爸妈两个人做的决定。

是因为我不乖吗？

保证仍会继续爱孩子："虽然父母分开，但是我仍是你的爸爸，她仍是你的妈妈，这个血缘关系改变不了，我们对你的爱改变不了。我们仍会像过去一样，甚至比过去还要用心爱你。"

向孩子说明以后的生活安排。 年幼的孩子，会误认为父母离婚之后，自己再也见不到其中一方，心里难免会有失落、悲伤的情绪。这时候父母要让孩子清楚以后会跟谁一起生活。比如告诉孩子："爸爸妈妈离婚之后，妈妈会搬出去，你和爸爸一起生活。你如果想妈妈了，可以随时告诉妈妈，妈妈会来陪你。一家人还会常常见面，对你的爱不会改变。"孩子一旦有了确定感，以后生活无论怎么不如意，他都是可以接受的。

保证仍会继续爱孩子

我依然是你妈妈。

像过去一样爱你。

向孩子说明以后的生活安排

妈妈会搬出去。

你和爸爸一起生活。

8 父母教育理念不同会影响孩子成长

教育孩子是现在家庭的头等大事。很多时候，父母在教育孩子时会因意见分歧产生争执。如果这种现象长期存在，不但会影响家庭和谐，而且孩子也会由于长期处于消极的环境中，被迫形成不良的冲突应对方式。这种不良的家庭环境带来的压力，还易导致孩子出现病态行为，甚至摧毁孩子的精神世界。

❋ 家庭中的双重束缚

在家庭治疗领域中，有一个专业词汇叫"双重束缚"，特指孩子在家庭中接受互相矛盾的信息，并且不能摆脱这种矛盾冲突。

由于父母的观念不统一，孩子经常被两种观念拉扯，导致其对是非判断的标准很模糊和混乱。若这种矛盾长期存在，就会形成具有威胁性或紧张性的家庭环境，致使孩子长期处于紧张应激状态，焦虑、恐慌、自我怀疑等负面情绪就会相随左右。这种紧张状态超过孩子的应对能力时，就容易引发孩子的心理危机，严重者甚至会患上精神分裂症。

我曾经看到一个真实案例，一对夫妻已经离婚，但是为了维护自己在孩子和亲戚面前的良好形象，他们仍旧住在一个屋檐下。平时俩人分别和孩子互动，每当爸爸给孩子下达一个指令时，妈妈会给出截然相反的说法。孩子长期处于一种左右为难的位置，他觉得不管按照哪方的要求做，都不会让另一方满意，因此孩子慢慢失去了成长的动力，消极悲观的想法也愈加严重，两年之后，孩子被诊断患上精神分裂症，住进了精神病院。

家庭中的双重束缚

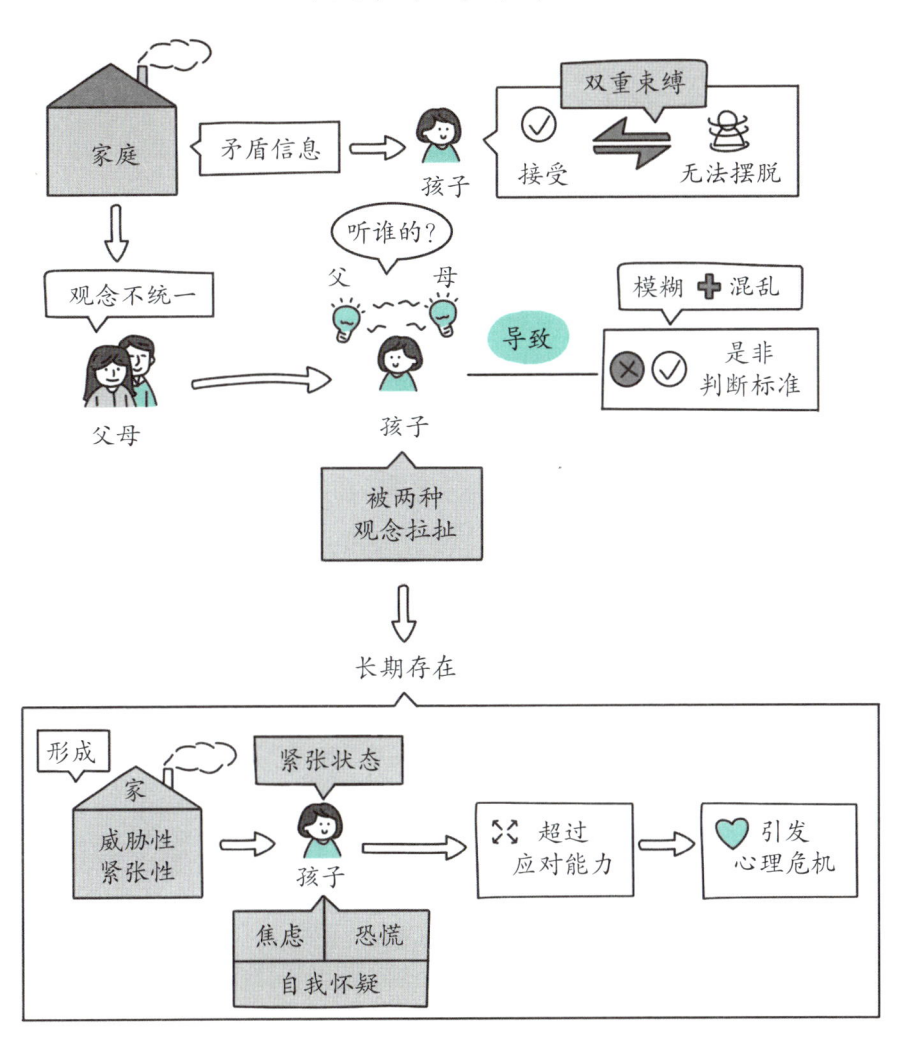

```
家庭 →矛盾信息→ 孩子    双重束缚
                       接受 ⇄ 无法摆脱
  ↓
观念不统一      听谁的？
              父   母      模糊 + 混乱
父母    →     孩子   →导致   ❌ ✅ 是非判断标准

              被两种观念拉扯
                   ↓
                长期存在

形成
  家         紧张状态
  威胁性  →   孩子    →  超过应对能力  →  引发心理危机
  紧张性     焦虑 恐慌
            自我怀疑
```

　　这是一个由双重束缚引发的极端病例，父母简单随意的输出，看似都是再平常不过的话，却因矛盾的性质变成了啃噬心灵的怪兽，撕扯着孩子的灵魂，消磨着孩子的精神，最终孩子只能在医院中等待拯救，想想真是可悲。

❋ 提前协商，减少矛盾

为人父母，都想拼尽全力给孩子更好的生活、更好的教育，但父母来自不同的家庭，彼此的受教育程度、生活阅历、教育观念都是存在差异的，所以在教育孩子这件事上，父母可以先行协商，统一口径，力求在理念、原则、底线方面达成一致，不要为了证明自己是对的而一意孤行。

如果双方观念实在无法统一，可以从专业书中找寻答案。比如对孩子能不能棍棒惩罚，很多古今中外的教育学家早就给出了答案，结论是要给孩子尊重和自由，不能打骂。对于错误的教育思想，父母要敢于认错和改正，虚心向教育专家取经。向真正的权威靠拢，这是最可靠的学习过程，也是父母统一认识的捷径。

提前协商，减少矛盾

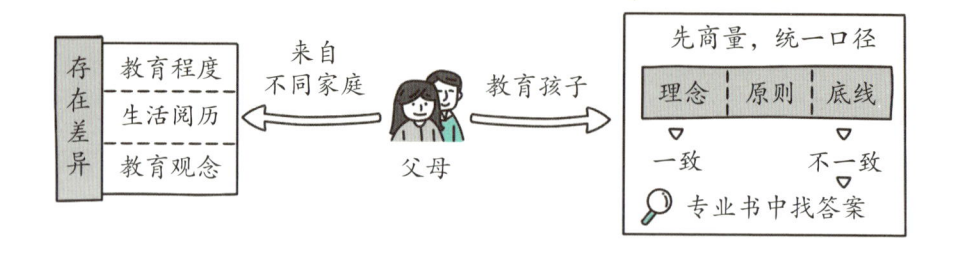

❋ 尊重孩子，以孩子决策为主

退一步讲，如果双方协调无果，那也不是太大的问题，只要尊重孩子，让孩子自己选择，一样可以收到好的效果。孩子认同谁的观点，喜欢和谁亲近，由孩子自行决定，父母不要强加干涉。请放心，只要父母坚持自己的教育理念，没有反复无常，随意变化，孩子的选择基本上不会出现大问题。

对于一些突发状况，父母可能事前没有料到，此时父母不要急于做决策，而是要先倾听孩子，感受孩子的内心，然后再通过开放式的提问，让孩子自行寻找答案。孩子有自己的想法和认知，父母应该以孩子的思想为主，而不是强加一些观念在孩子身上。如果父母一方强势、固执，进行破坏性教育，另一方也要坚定阻止。教育不仅仅是认知的较量，有时也是能量和态度的较量，美好的教育需要强大的力量。

尊重孩子，以孩子决策为主

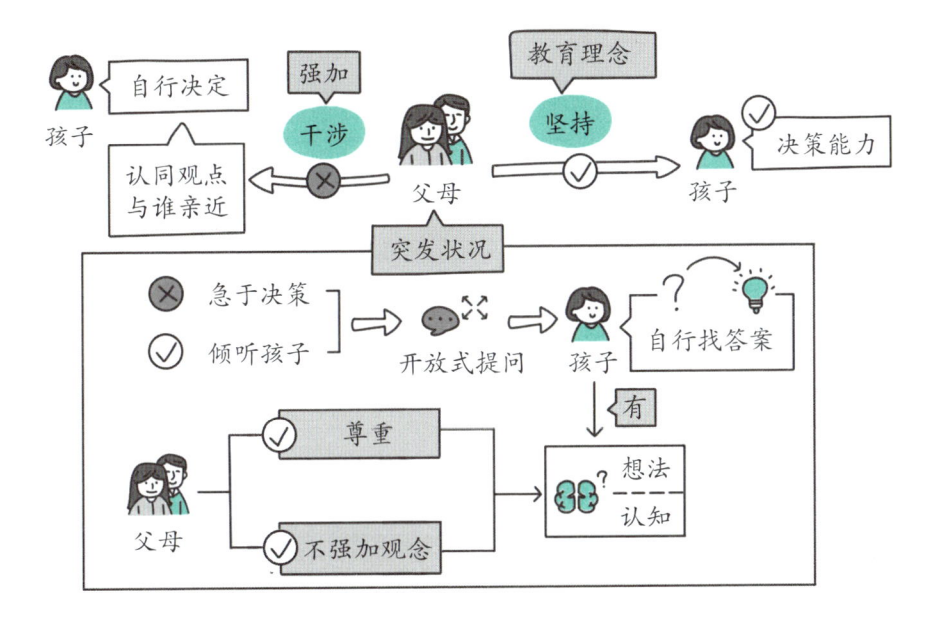

❋ 重视夫妻感情，营造和谐氛围

每个家庭，都是先有夫妻关系，再有亲子关系。在家庭系统排列中，夫妻关系也是排在亲子关系之前的。即便有了孩子，夫妻关系也是需要用心经营维护的。

不管是爸爸还是妈妈，都需要彼此的爱和关注。孩子出生后，很多妈妈会把所有精力用于照顾孩子，由此忽视了另一半，这让爸爸很不满，当然，如果爸爸把所有精力用在孩子身上，也同样会遭受妈妈的抱怨。由此可见，把所有的精力都给了孩子未必就是最好的选择。夫妻双方一定要平衡好家庭关系，分清主次，经营好夫妻关系，一样可以成就优秀的孩子。

良好的夫妻感情是家庭教育的底色。夫妻之间关系亲密、融洽，能够心平气和地讨论各自的想法，这有助于达成一致的教育观念。孩子在和谐的家庭氛围里，也会获得较多的安全感，懂得如何与他人和谐相处。即便夫妻双方在孩子教育上存在一些分歧，孩子也不会出现偏激的行为。如果不幸，夫妻之间的关系到了不可调和的地步，也要向孩子说明，这是大人之间的问题，与孩子无关，无论结果如何，父母对孩子的爱不会变。

重视夫妻感情，营造和谐氛围

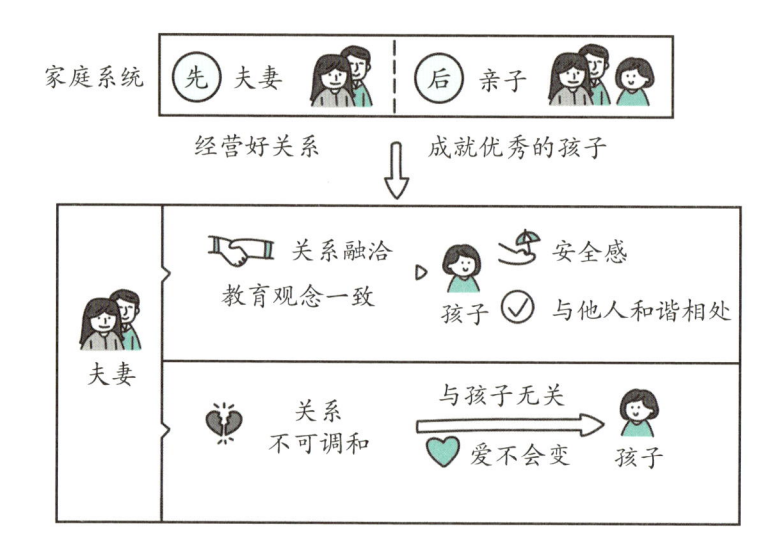

家庭系统：先 夫妻 ｜ 后 亲子
经营好关系　　成就优秀的孩子

夫妻：
- 关系融洽　教育观念一致 → 孩子：安全感、与他人和谐相处
- 关系不可调和 —（与孩子无关，爱不会变）→ 孩子

9 千万不要拿孩子攀比

生活中我们时常不自觉地将自己的孩子和其他优秀的孩子比较，希望可以以此来激励自家孩子。殊不知，拿孩子攀比不但起不到激励作用，反而会打击孩子的自信心，给孩子造成很大的负面影响。

攀比会榨干自信心

在心理学上，有一种心理效应叫"负性攀比"，指那些消极的、伴随有情绪性心理障碍的比较，会使个体陷入思维的死角，产生巨大的精神压力和极端的自我肯定或者否定。如果我们总是强调孩子比别人差，正是一种典型的"负性攀比"。这种攀比会让孩子产生挫败感，产生"处处不如人"的想法，打击孩子的自信心，最后使孩子彻底失去对学习或事物的兴趣。

攀比会榨干自信心

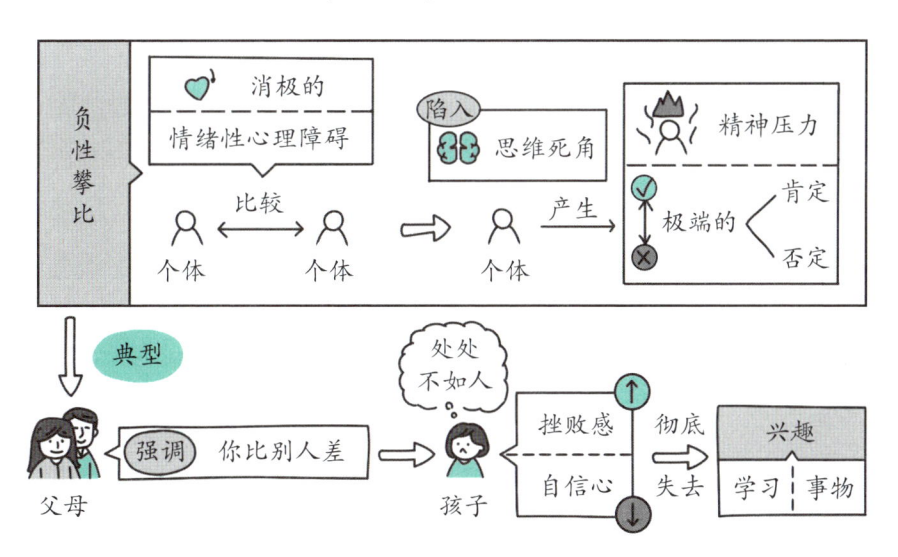

相信没有一个孩子愿意承认自己比别人差，每一个孩子都希望得到别人的肯定。特别是青春期的孩子，需要建构"我是有价值的""我是值得被爱的"这样的体验和认知。如果我们肯定其他孩子而贬低自己的孩子，会让自家孩子产生嫉妒心，也会让他觉得父母更喜欢别人家的孩子，而不喜欢自己，从而使他处于随时被抛弃的担心中。

这种认知混乱会消耗掉他很多的心力，孩子在意他人的想法，有意把自己和他人进行比较，他也就没心思专心做该做的事，在平时与别人相处时，也会表现得特别不自信，不太敢在别人面前表现自己，变得谨小慎微，甚至可能会形成讨好型人格，这是在变相削弱自信心。

❀ 尊重孩子的特性

攀比实质上是拿统一的标准或者别家孩子的标准来衡量自己的孩子，这种做法本身就忽视了孩子之间的差异性，也违背了孩子本身的成长规律，这样势必会限制孩子个性和潜力的发展。

作为父母，我们应该有这样的认识：每一个孩子都是独立的个体，应该有自己的个性，而不是做其他孩子的复制品。我们需要找到一种尊重孩子特性的教育方法。

正确的做法是：我们应该抛弃"孩子都是别人家的好"的心理，把专注力放在自家孩子身上，发掘孩子身上的闪光点，还要说明这种闪光点对孩子的好处，只要孩子今天比昨天有进步，我们就应该祝贺他、鼓励他、肯定他。

我们也应该注意克服自己性格和心理方面的一些弱点，尽可能避免把成人的一些想法和做法强加于孩子，特别是要注意调整对孩子过高的期望值，以平常心对待孩子，给他尊重、信任和鼓励，和他共同成长。

尊重孩子的特性

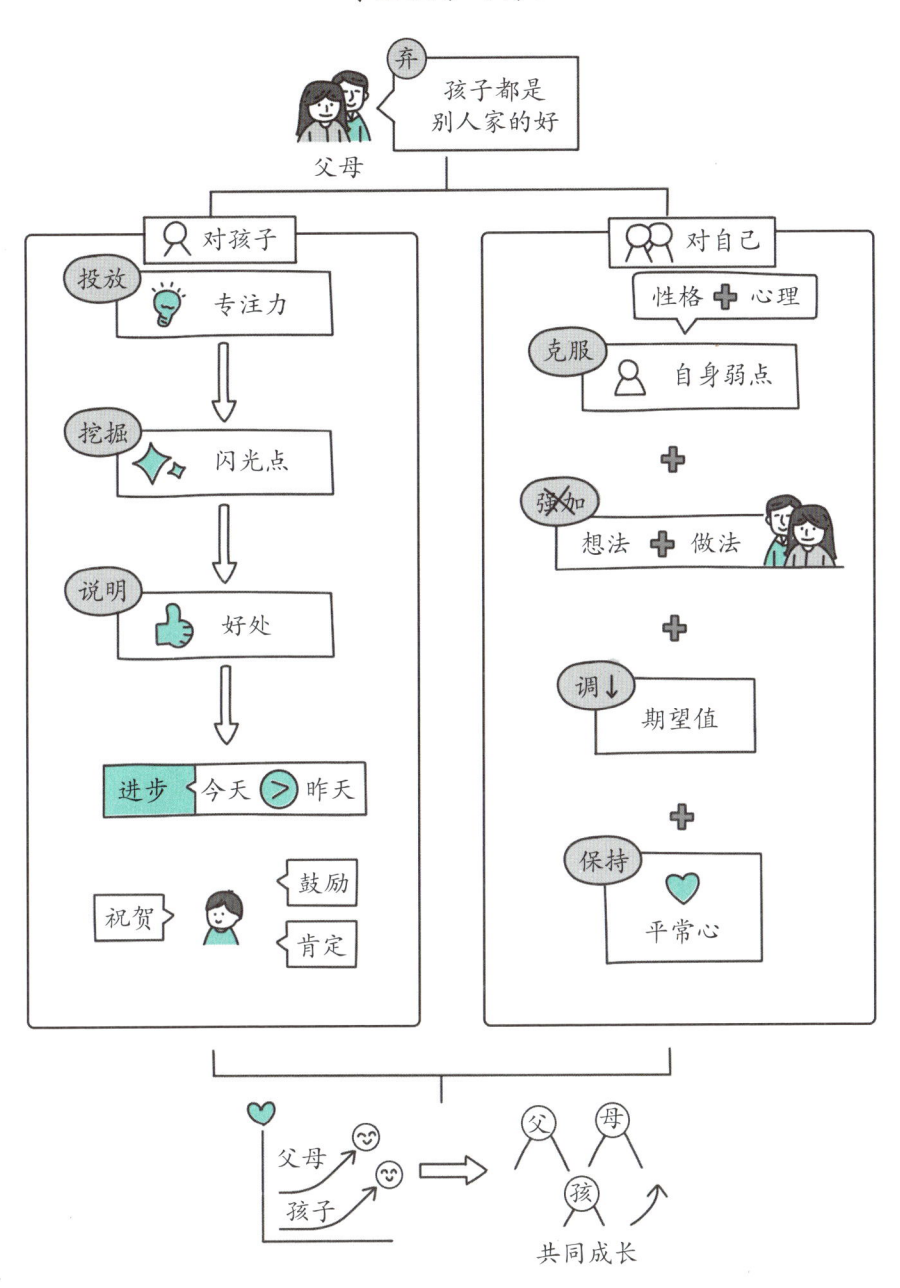

父母：弃 — 孩子都是别人家的好

对孩子
- 投放 → 专注力
- 挖掘 → 闪光点
- 说明 → 好处
- 进步：今天 > 昨天
- 祝贺 → 鼓励、肯定

对自己
- 性格 ➕ 心理
- 克服 → 自身弱点
- 强加 → 想法 ➕ 做法
- 调↓ → 期望值
- 保持 → 平常心

父母、孩子 ⇒ 父 母 孩 → 共同成长

第 2 章　给孩子建立安全感

❀ 正确激励孩子

孩子的成长过程中，父母的肯定、鼓励和认同是很重要的。我们要注意的是，对孩子的激励，最好着力于精神，这样有益身心。

好孩子不是用物质奖励出来的，而是鼓励出来的。我们平时要多留意孩子，经常鼓励孩子，当孩子做出正确的行为时，我们要及时给予肯定，这样容易激发孩子的行为动力，形成良好的品格。如果孩子比较小，我们可以仿照幼儿园的方法，给孩子准备"红星榜"，以此来鼓励孩子进步。在"红星榜"上写上孩子的名字，贴上孩子的照片，如果孩子学会了某项能力，或者做对了一件事，我们在鼓励孩子的同时，也可以往"红星榜"上贴颗红星。过一段时间后，我们可以和孩子一起数红星，和孩子回忆获得红星的历程，这样会让孩子非常高兴和自豪。

我们要相信孩子的潜能，相信孩子是可以做到且做好很多事情的。孩子想要探索某种事物时，我们不要打击孩子的积极性，多给予孩子鼓励和支持。激励的语言要具体，切忌泛泛而谈。"你真棒"之类的话可以使用，但最好能说出"棒"在哪里，这样孩子才能知道好在哪里，才能继续保持好的状态。

第 3 章

点燃孩子的价值感

孩子自卑、封闭、任性、懦弱等，这些问题都是困扰父母许久的心病，病根往往是孩子的自我价值感出了问题。当孩子拥有高水平的自我价值感时，他会表现得自信、自尊和自强，相信自己有能力克服困难，更愿意进行自我完善与发展。人在幼小的时候，自我价值感主要来源于家庭爱的滋养，父母的肯定、赞扬、关爱与鼓励，这些力量都会点燃孩子的价值感，激发孩子的内驱力，使孩子更加积极乐观地探索世界，健康成长。

孩子有了自我价值感，心中才会有力量

每个人出生之后，都有无限的可能性，为何长大之后，很多人没有激情，也不再快乐，成了平庸之人？这其实和自我价值感有很大关系。

❋ 自我价值感的重要性

自我价值感是指一个人对自己的认知和评价，反映了一个人的自我认可程度。自我价值感高的人认为自己有价值，因而对自己有着积极的情感，通常表现为自信、自尊和自强；具有低水平自我价值感的人，即自卑的人，认为自己一无是处，常常自责、自怨，难以接受自己。

大量的观察发现，自尊、自信的人富有好奇心、独立性、创造性，拥有积极进取的精神；自卑的人因为不自信而把大量精力用于证明自己的价值，难以跳出自我的狭小圈子，其行为往往表现得畏缩、胆小、易自暴自弃、自甘落后。

❋ 自我价值感的影响因素

影响孩子的自我价值感主要有两个原因：一个是内部原因，即个人的能力和成就感；另一个是外部原因，即周围人对个人的评价和态度。

个人经验是影响自我价值感的核心因素。一般来说，成功经验会提高自我价值感，反复的失败则会降低自我价值感。需要指出的是，成功经验对自我价值的影响也受个人归因方式的影响。如果孩子把成功归因于运气、难度等外部不可控因素，就不会提高自我价值感。如果孩子把失败归因于内部可控的因素，如自身努力等，就不一定会降低自我价值感。

自我价值感的影响因素

1. 内部原因

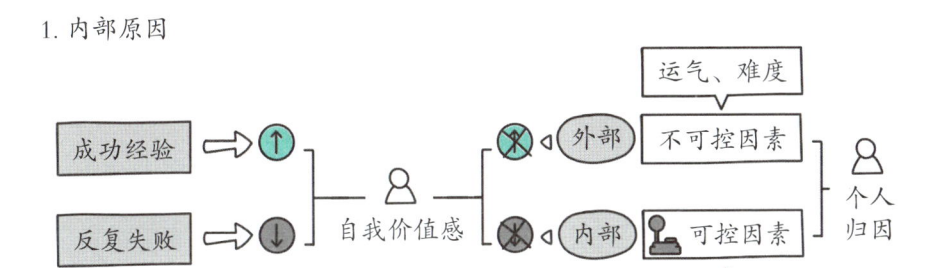

成功经验 → ↑
反复失败 → ↓
→ 自我价值感 → 外部（运气、难度）→ 不可控因素
→ 内部 → 可控因素（努力）
→ 个人归因

2. 外部原因

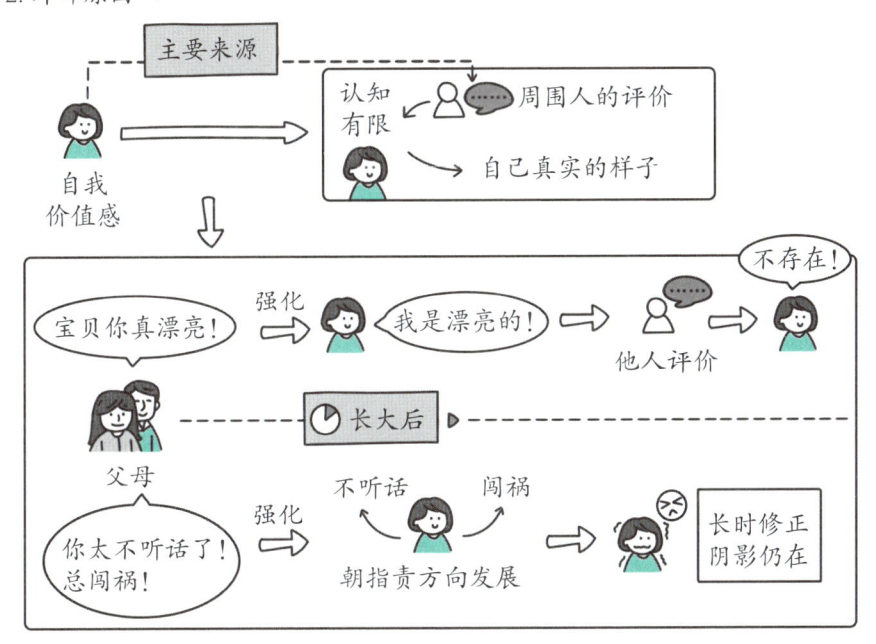

自我价值感 ← 主要来源

认知有限 → 周围人的评价 → 自己真实的样子

"宝贝你真漂亮！"（父母）→ 强化 → "我是漂亮的！" → 他人评价 → 不存在！

长大后

"你太不听话了！总闯祸！" → 强化 → 不听话、闯祸，朝指责方向发展 → 长时修正阴影仍在

　　周围人对个人的评价和态度，也是自我价值感的主要来源。由于孩子对自身认识有限，他往往会把周围人的评价当作自己真实的样子，并且深信不疑。如果父母觉得孩子是漂亮的，并不断地强化，孩子长大之后也会认为自己是漂亮的，即使别人说她不好看，她也不会当回事。如果父母总是指责孩子不听话，爱闯祸，从某种意义上讲，孩子会朝着父母指责的那

个方向发展，而且长大之后，即使经过很长时间的修正，小时候的阴影也还会存在。

❋ 提高自我价值感的方法

提高孩子的自我价值感，要从两方面着手：一是要让孩子多一些成功体验，获得成就感；二是父母要多鼓励和支持孩子，让孩子内心充满力量。

让孩子多一些成功体验。成功是能力强的表现，往往会使人感到满足，产生自我价值感。如果父母总是说孩子这也做不好，那也不会干，他怎么会有自我价值感呢？父母要相信孩子，相信孩子潜能无限，有一颗向上向善的心。父母要培养孩子各方面的能力，要多提供机会，让孩子获得成功体验，唤醒孩子内在的潜能。如父母与孩子一起参与竞技运动，一起做智力游戏，父母给孩子设置一个稍微有难度的目标等，在克服困难获得成功的过程中，孩子就会增强自我价值感。

多鼓励和支持孩子。孩子的自我评价首先来源于别人对他的评价，最重要的是父母的评价。父母一方面给孩子期待和要求，帮助孩子不断进步，另一方面，也要能够发自内心地接纳孩子目前的样子，爱他、欣赏他，尊重他真实的感受和想法，不要控制太多。如孩子学习成绩不好，父母帮助孩子提高成绩的同时，也要能够欣赏孩子身上的闪光点——性格开朗、乐于助人，而不是揪住成绩这一点，一直批评、否定孩子。同时父母也要多陪伴孩子，孩子遇到困难时多帮助他，用情感帮助孩子塑造正确的行为，让孩子感觉"无论我怎么表现，父母都爱我"，使他的自我价值感得到提升。

内外结合，提高自我价值感

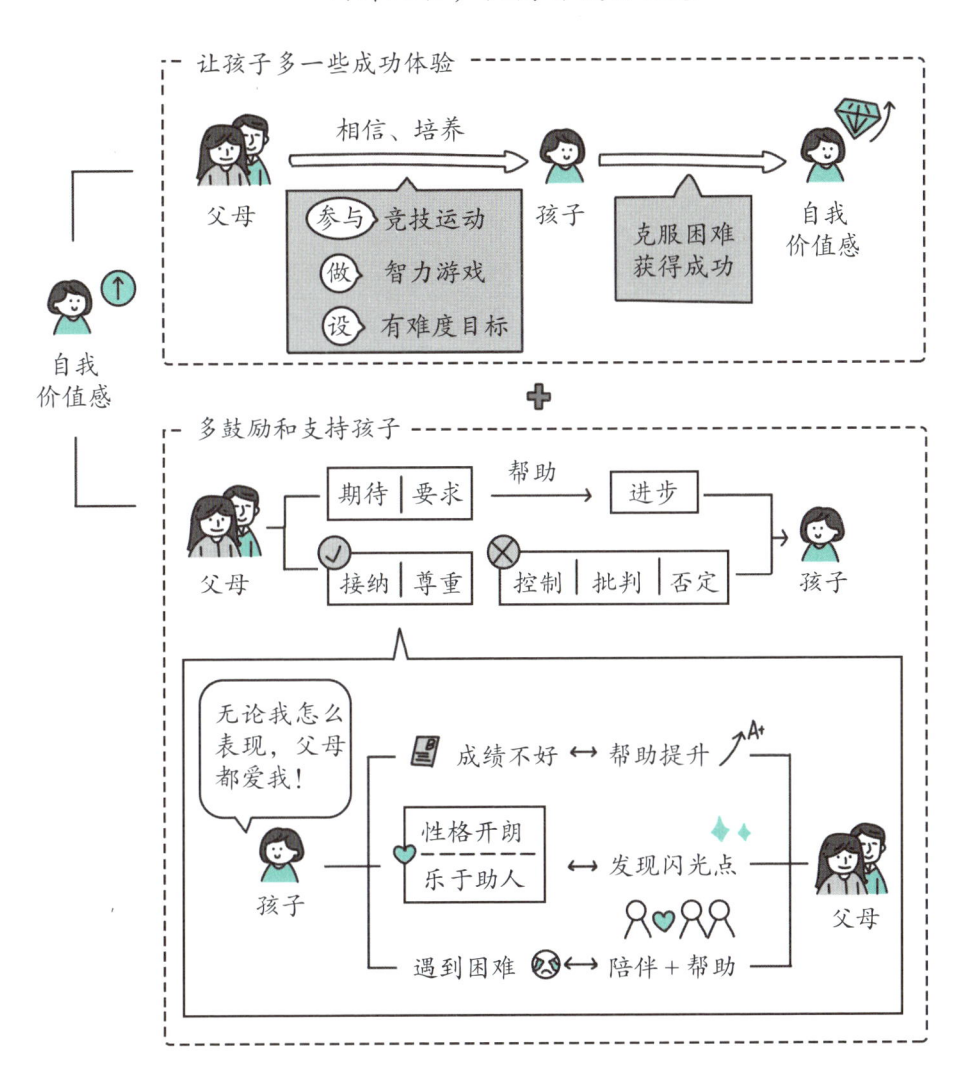

让孩子多一些成功体验

父母 —相信、培养→ 孩子 → 自我价值感
- 参与 竞技运动
- 做 智力游戏
- 设 有难度目标

克服困难获得成功

＋

多鼓励和支持孩子

父母
- 期待｜要求 —帮助→ 进步
- ✓ 接纳｜尊重
- ✗ 控制｜批判｜否定

孩子："无论我怎么表现，父母都爱我！"

- 成绩不好 ↔ 帮助提升 A+
- 性格开朗／乐于助人 ↔ 发现闪光点
- 遇到困难 ↔ 陪伴＋帮助

第 3 章 点燃孩子的价值感

2 控制型父母带给孩子的是伤害不是爱

在亲子咨询案例中,我经常能遇到这种类型的家庭:母亲能干、强势,缺乏女性的温柔;父亲脾气温和,言语不多,甚至有些唯唯诺诺;孩子脾气暴躁,逆反心理严重,做事比较偏激。案例中母亲的性格便属于控制型。在家庭关系中,父母一方过于强势,方方面面都寻求掌控和"一言堂",常常使弱势的家庭成员忍耐和妥协,这会在很多时候剥夺弱势的家庭成员表达需求和情感的机会,且从未真正解决存在的问题和冲突。长此以往,家庭成员之间缺乏"爱与温暖"的情感交流,易造成恶劣的家庭环境。

❋ 何为控制型父母

控制型父母就是优先满足自身感受的父母。他们总是把自己的感受放在第一位,用自己的感受代替孩子的感受,对孩子的真实感受置之不理。这类父母喜欢对孩子下简单直接的命令,比如"你去做""你不要弄""这样不行"等,孩子虽然弱小,但是也有自己的想法,一旦孩子表达了不一样的感受,控制型父母就会采取各种措施来实施控制,胁迫孩子放弃自己的感受,服从父母的感受。

控制型父母内心是缺乏安全感的。他们只有对关系亲密的人实施控制,才能解除内心的恐惧。他们想在孩子面前树立绝对的权威,让孩子按着自己的要求和规划,学好,变好,成长得更好。这种想法源于他们早期受到父母的影响,他们的父母当时以控制的方式对待他们,现在他们以同样的方式对待自己的孩子,以此来弥补早期的精神创伤。

控制型父母

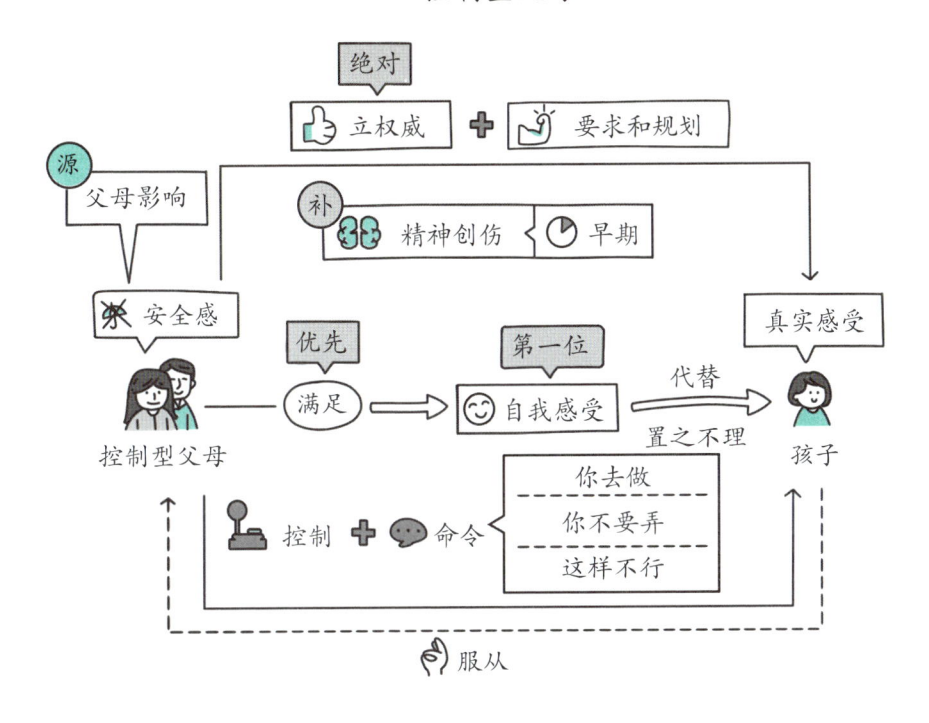

```
         [绝对]
          ↓
        立权威  +  要求和规划
    ↑             ↑
[源]              [补]
 ↓                ↓
父母影响        精神创伤  早期
    ↓
[✗] 安全感
              [优先]        [第一位]
                ↓             ↓              代替
控制型父母  →  满足    →   自我感受   →   真实感受
                                          置之不理      孩子
                                          ┌──────┐
              控制  +  命令              │ 你去做 │
                                          │ 你不要弄│
                                          │ 这样不行│
                                          └──────┘
                          ↑
                         服从
```

同时，我们也要注意到一种情况，不少人在成长过程中，都没能获得充足的安全感，所以控制型父母在所有父母中所占的比重是比较大的，而且其他类型的父母，在某些情境中也会表现出控制孩子的倾向。

❀ 控制型父母对孩子的伤害

控制型父母对孩子的伤害很难被察觉，因为他们往往借着对孩子的关心和爱护来掩饰自己的控制欲和支配欲。他们不知道，这种教养方式会在孩子身上产生巨大的负性影响，甚至这种影响延续到成年。

在控制型父母的养育下，孩子感受不到尊重和信任，只能被动地服从权威，按照父母的意愿行事。久而久之，他们不再有自己的想法，总感觉自己的想法是错误的，凡事也不敢进行尝试，遇到问题，也不知道怎么解决，只能机械地服从父母，渐渐形成退缩型人格。新加坡一项5年的纵向研究表明，从小被父母过度控制的孩子会产生强烈的自我批判，患焦虑症、抑郁症的风险也比常人高一些。还有另一种极端，就是控制型父母容易激发孩子的逆反心理，孩子频繁反抗父母，长大后很容易形成激进型人格。

有些控制型父母会用孝道对孩子进行道德绑架，若不听父母的话，就是不孝，就是伤害父母。这种情感控制致使孩子在逐渐远离父母的每一步，都走得很沉重，内心充满了不安和自责。这样的孩子能让控制型父母获得即时的满足，自己却渐渐失去独立的人格，更谈不上获得心灵上的自由。

控制型父母对孩子的伤害

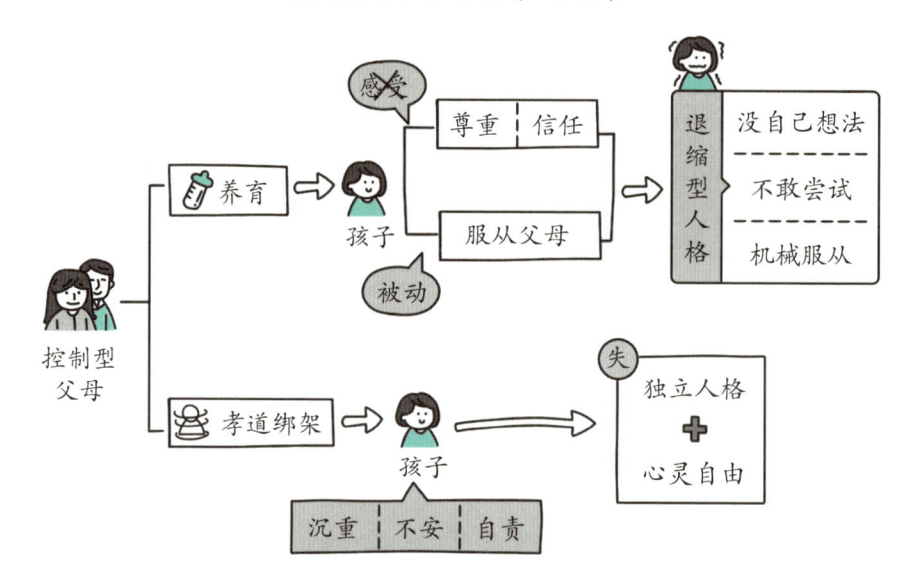

```
                    感受
                ┌─ 尊重 │ 信任 ─┐      ┌─ 没自己想法
        养育 → 孩子                → 退缩型人格 ─ 不敢尝试
                └─ 服从父母 ─┘              └─ 机械服从
                    被动
控制型
父母
                                          失
        孝道绑架 → 孩子 ──────────→    独立人格
                  沉重│不安│自责              ＋
                                          心灵自由
```

❖ 控制型父母应该这样做

给孩子一定的自主权和选择权。无论是成年人还是孩子，都不愿意被牢牢控制。父母在教育孩子的时候，要学会适当地放手，给孩子一定的自主权和选择权，只要大方向没有跑偏，父母就不要过多干涉和控制孩子。父母要相信孩子，即使他选择错了，也会从中吸取教训，下次再遇到类似的情况，他就能做出正确的抉择。培养孩子的独立性和创造性，这样更利于孩子以后的成长和发展。

给孩子一定的自主权和选择权

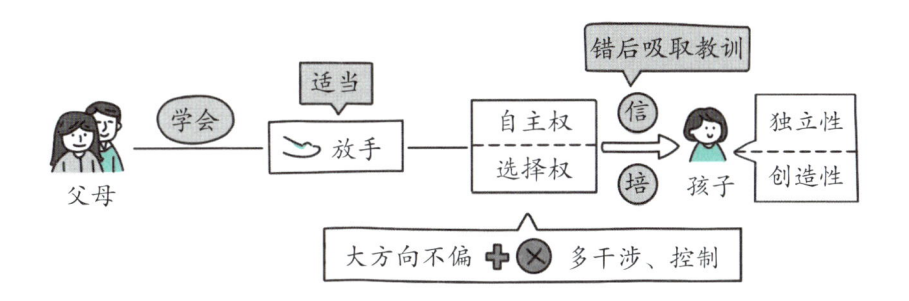

```
父母 ──学会──[适当 放手]──→ 自主权/选择权 ══信/培══> 孩子 ←── 独立性/创造性
                                    错后吸取教训
              大方向不偏 ✚ ✖ 多干涉、控制
```

给予孩子足够的关心、信任和鼓励。当孩子决定去做一件事时，不管能否成功，父母都要给予足够的关心和信任。有心理学家研究发现：一个没有受到激励的人，仅能发挥能力的 20%～30%，而他受到鼓励时，能力则可以发挥到 80%。鼓励是孩子成长路上必不可缺的能量源。父母不要吝啬自己的肯定与鼓励，多让孩子感受到安全感与自我价值感，这样孩子在未来才能走得更远。

给孩子足够的关心、信任和鼓励

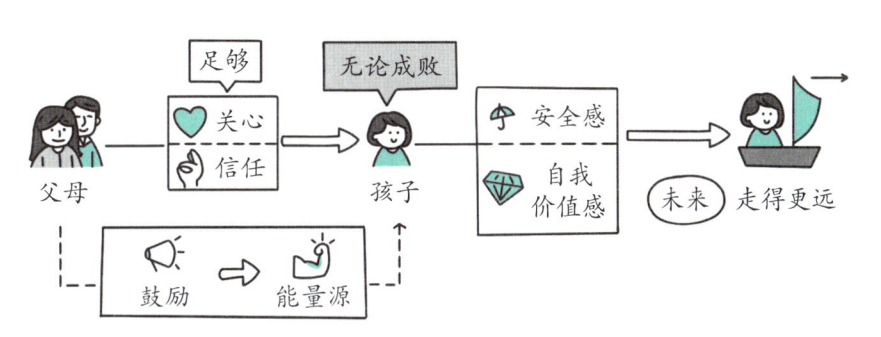

```
父母 ──[足够 关心/信任]──[无论成败]──→ 孩子 ──安全感/自我价值感──→ 未来 走得更远
              鼓励 → 能量源
```

寻求专业人士的帮助。控制型父母内心是缺乏安全感的，童年的创伤让他们一直处于焦虑与恐惧中。对亲密之人的控制并不能从根本上解除他们内心的不安，建议寻找专业的心理咨询师或家庭教育指导师来帮助改善。

寻找专业人士的帮助

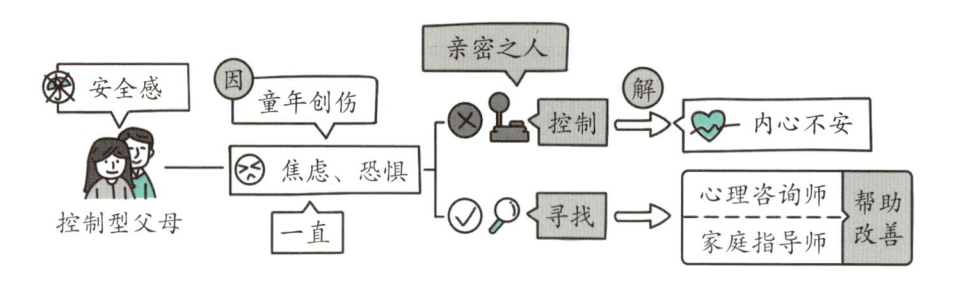

3 如何化解与孩子的矛盾和误会

对于每个家庭来说，父母与孩子之间闹矛盾是不可避免的。大多数父母都痛恨冲突，对如何化解冲突很苦恼。的确，亲子冲突若处理不当，会使亲子变成陌生人，甚至是仇人；若处理得宜，则能使亲子关系变得更亲密、融洽。因此，父母找到正确的方式来处理与孩子之间的矛盾，就显得至关重要。

✿ 真诚表达

在人际交往中，最受欢迎的品质是真诚。心理学家解释说，真诚会让对方在交往中感到很安全，这种安全感会让对方对你产生信任感。如果缺乏真诚，对方会下意识地产生不确定感，有一种本能的焦虑和不安，并长期处于高度自我防备状态，最终导致交往无法进行。

在生活中，我们不小心冒犯了别人，如果我们真诚地向他认错，说出自己内心真实的感受，在很大程度上会获得对方的谅解。亲子冲突的化解，同样也需要真诚。很多时候，我们忽略了孩子对真诚的需要，如果对孩子的表达缺乏真诚，容易造成亲子间的误会和冲突。

在体验式家长会的录课现场，我看到一对父子，爸爸一直低着头，不看孩子。看到这个场面，我内心很触动。作为一个父亲，我有这个体会，他一定是做错了事，对不起他的孩子，或者伤害过孩子，心有愧疚。

我走到这位爸爸面前，请他把头抬起来，劝导他说："他是你的孩子，是你最亲的人，向他真心地忏悔，不丢人的，你也不会为此被送上法庭，你就说吧。"此时孩子已经哭得不行了。

显然，孩子一直在等待父亲对过往的真诚表态，他需要父亲在一些事情上进行澄清和解释。由于阅历和环境等因素，孩子感受和认知的世界与大人的世界存在很大差异。作为家庭生活的主导者，我们完全可能在不知不觉中伤害孩子，且不需要在当下为此付出代价，但当亲子关系破裂，孩子出现问题行为时又为时已晚。

要想消除孩子内心的不良体验，唯有真诚。父母应该放低姿态，以真诚平等的态度来对待孩子，积极地向孩子表达和解释，如果有伤害到孩子的行为，就应该向孩子道歉。当孩子体会到父母的真诚时，他绝不会无动于衷。相反，如果父母把孩子当成不懂事的小家伙，敷衍了事，或用哄骗的方法达到自己的目的，那就会失去孩子的信任和尊重。

✤ 允许差异存在

第一，我们要接受一个事实：孩子和我们所处的时代不同，阅历和经验也不同，对一些事情的看法不一致是很正常的。孩子作为一个独立的个体，我们要允许孩子有不一样的想法，不是所有的事情都要听我们的。如果我们一味否定孩子的意见，不仅会增加家庭矛盾，还会让亲子关系破裂。

第二，我们要为良好的沟通创造条件。我们要让孩子明白，对于不同信息，我们也是接受的。意见本身没有对错，只有适不适合自己。我们不要着急去说服孩子，要耐心倾听孩子的想法，知道孩子考虑问题的角度，这样我们才能提供有效的指导和帮助。也许大家沟通后，能找到一个折中的方案。

第三，我们要承认自己的局限性。由于我们知识和经验的有限，不是孩子的所有问题我们都能够解决。如果双方没有达成一致意见，可以保留不同意见，按照各自的想法做。求同存异，一样可以让爱自由流动。

允许差异存在

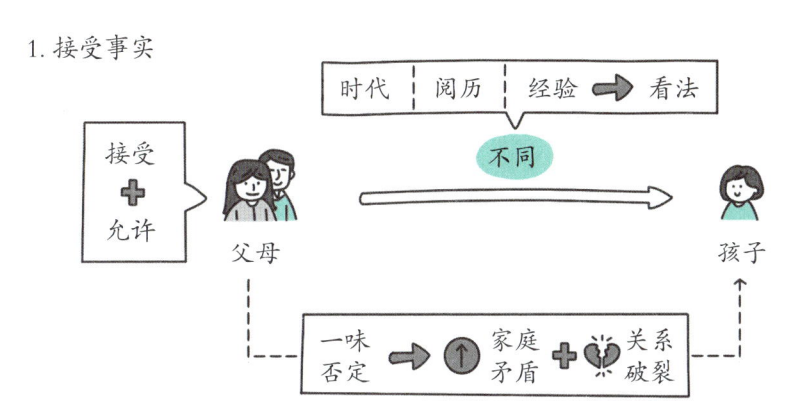

1. 接受事实

接受 + 允许 → 父母 ⋯ 孩子
时代 | 阅历 | 经验 → 看法
不同

一味否定 → ↑ 家庭矛盾 + 关系破裂

2. 良好沟通

父母 ▷ 不急于说服 + 倾听想法（耐心）+ 指导帮助（思考角度）⇒ 孩子

3. 承认局限性

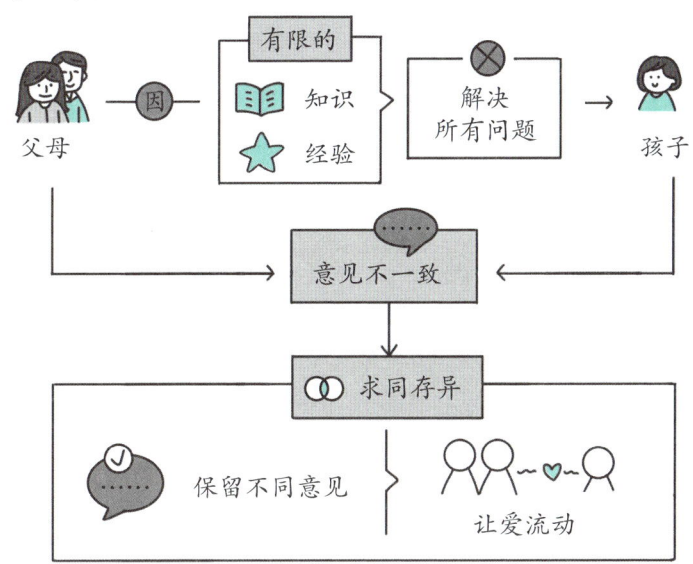

父母 —因→ 有限的 知识 经验 → ⊗ 解决所有问题 → 孩子

→ 意见不一致 ←

↓

求同存异

保留不同意见　　让爱流动

❀ 化解激烈冲突的三个"一"策略

对于常见的亲子冲突与误会，父母真诚地表达和求同存异，在很大程度上可以化解，但是如果亲子之间是特别激烈的冲突，如亲子关系十分敌对，已经没有办法坐在一起交流时，父母就要重新寻找应急之策。出于这种考虑，我总结了三个"一"策略。

一封道歉信。书信是我们表达情感和沟通的一种特别方式。在一笔一画之间，我们对自我的觉察能力在增强，内心的体验和感受也会随着文字逐渐丰富而具体。如果实在无法当面沟通，我们可以给孩子写一封道歉信或邮件，表达内心的歉意。当然，道歉并不是为了让孩子必须接受，如果他看完信之后还没有完全消气，或者还带着一些看法，我们要允许它们的存在，这也是对孩子的一种尊重。

一次家庭会议。家庭就是一个团体，遇到一些激烈的冲突时，可以团结家人的力量和智慧，一起协商解决。尤其在家庭会议中，如果每个人都是绝对平等的，可以随意表达自己的想法和感受，有冲突的双方就不会压抑自己，而是选择把事情摊开说。在这样尊重、接纳、平等、民主的氛围渲染下，似乎所有问题都能得到有效解决。

一次特别调解。如果道歉和家庭会议也无法消除误会和矛盾，可以请专业的家庭教育指导师、心理咨询师做调解人，来一次家庭心理辅导。如果身边的亲朋好友有这个能力，让他们做调解员也是可行的。毕竟术业有专攻，如果我们自己做不到消除误会和矛盾，就要积极找外援。

化解激烈冲突的三个"一"策略

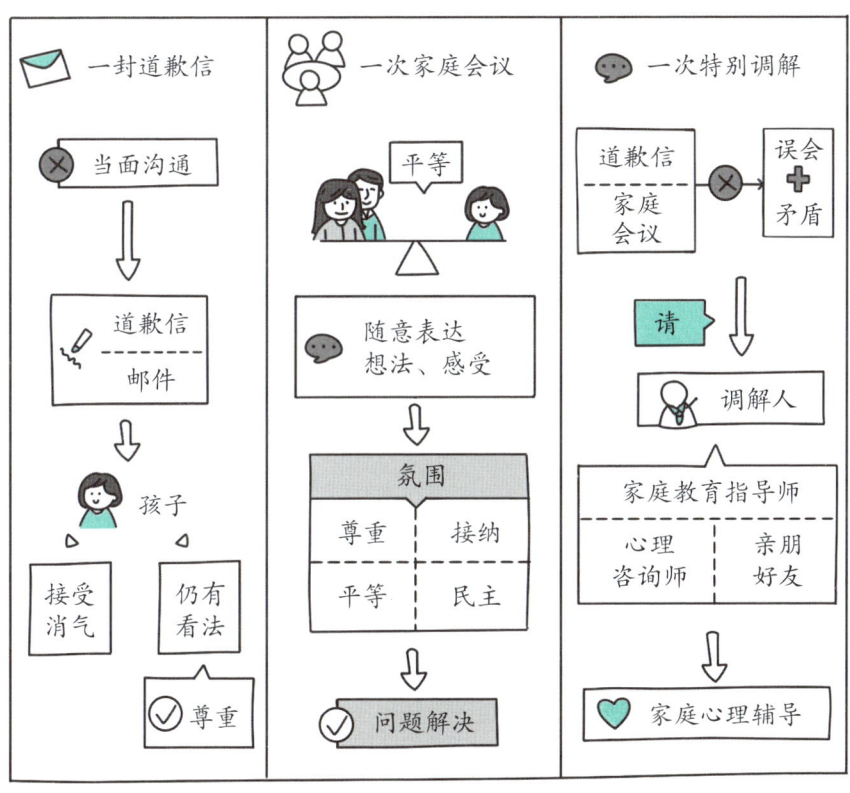

激烈 敌对

策略

一封道歉信
- 当面沟通
- 道歉信 / 邮件
- 孩子
  - 接受消气
  - 仍有看法
- ✓ 尊重

一次家庭会议
- 平等
- 随意表达想法、感受
- 氛围
  | 尊重 | 接纳 |
  | 平等 | 民主 |
- ✓ 问题解决

一次特别调解
- 道歉信 + 家庭会议 ✗ → 误会 + 矛盾
- 请 → 调解人
- 家庭教育指导师
  | 心理咨询师 | 亲朋好友 |
- ♥ 家庭心理辅导

第 3 章　点燃孩子的价值感

4　孩子随口一句"活着没意思"，父母慌了

在一些心理咨询案例中，有一些父母反映："小孩会对我说，'活着没有意思''人生没有意义'这样的话。"父母听了之后很焦虑，有的甚至夜里睡不着觉。我们来探讨一下，如果孩子真的说出这种话，我们该如何应对。

❖ 父母的判断

这个时候是非常考验父母的智慧与力量的。如果我们把孩子的话当成严重心理问题的征兆，甚至怀疑他有自杀倾向，这就大错特错了。孩子的确是遇到了一些问题，但还没有到患焦虑症、抑郁症的地步。再者焦虑症、抑郁症是一种心理疾病，有非常专业、科学的诊断标准，不能单凭一句话就判断孩子有抑郁倾向。

有的父母也意识到孩子遇到了难题，内心难免会有情绪，不过他们的处理方法显得十分生硬，会就此机会来一场人生说教："你才遇到多大的事呀，这样都解决不了。想当年我们经历了多少苦，比你现在经历的要难一千倍一万倍，我们都撑过来了！""没有什么事是解决不了的，你要学会面对……"这类父母看似在引导孩子，实际上是在否定孩子的情绪，还带点指责的意味。

还有一些父母，无法就这个问题做出解答，就归结于孩子是在瞎想，顺便还教育孩子："年纪轻轻的，脑子里都在想些什么呢？现在应该把心思放在学习上，提高成绩才是你这个年纪最该做的。"

❋ 情绪的发泄

孩子说"活着没意思",这句话的背后,反映他最近有压力。平时父母管教太多,或者亲子关系、同伴关系、师生关系不好等都可能造成孩子情绪低落。孩子遭遇不愉快之后,如果不被理解,又找不到正确的方式来解决问题,就很容易产生"活着没意思"的想法。好像只有这句话才能表达孩子对现状的不满以及内心存在的无力感。同时孩子也在传递一个信号:我有困扰,我需要支持,需要陪伴,需要有人来帮助我。

当负面情绪积压久了,孩子就会失去对生活的热情。父母在孩子成长的过程中,要细心观察,及时洞察孩子的低落情绪。父母首先做的,是允许并接纳孩子的负面情绪,然后尝试找出影响孩子情绪的原因,并给予帮助。父母的支持、陪伴和帮助,是每个孩子都渴望的。相信孩子在感受到父母的爱和家庭的温暖后,会重新思考自己的看法,进而调整负面情绪。

父母帮助孩子调整情绪

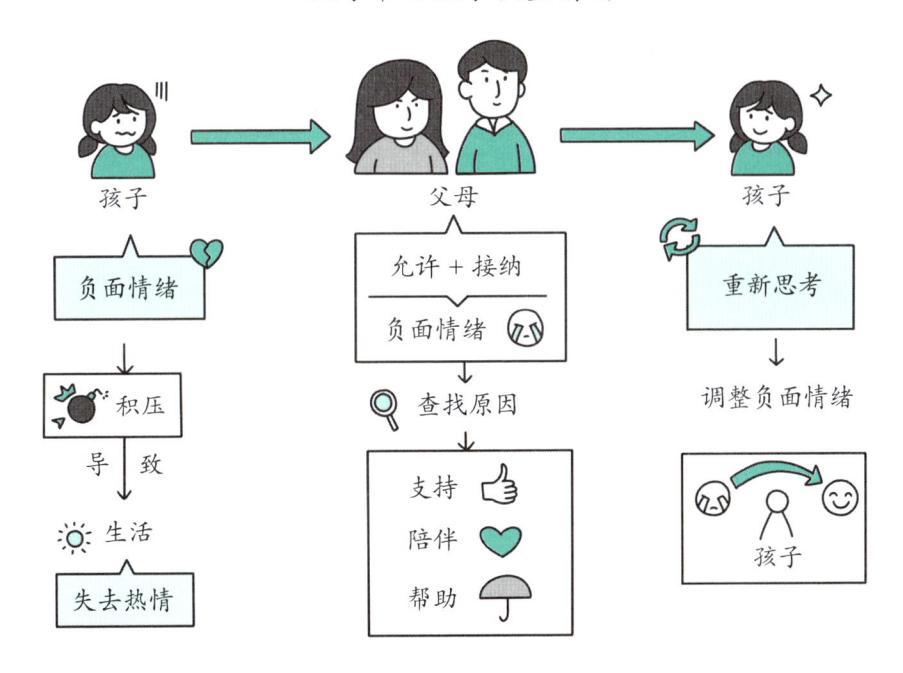

❋ 自我迷茫

如果孩子正处于青春期,说"人生没有意义"这种话再正常不过了,他这是在探寻自我价值与人生意义。

心理学家埃里克森认为,人格发展是一个逐渐形成的过程,人的一生要经历八个发展阶段,每个阶段都有其要完成的任务。如果任务完成,有助于发展健全的人格;如果任务未完成,个体会形成消极的人格特征,导致人格向不健全的方向发展。青春期孩子的主要发展任务是获得自我同一性。自我同一性即个体对"我是谁""我将走向何方"等与自我有关问题的回答,是一种确定的感受。

青春期孩子的自我同一性

青春期孩子说出"人生没有意义"这句话,可能想要表达的是:不知道我的未来在哪里,不知道自己到底想要什么,我找不到自己的兴趣和特长,对长大后的自己没有明确期待,不知道生活真正的意义在哪里。

青春期孩子真正想表达的

如果孩子处于这种情况，父母需要让他体验到被尊重、被认可、被重视的感觉，为孩子发展自我同一性创建健康和谐的成长环境。同时让孩子多参加一些户外活动，假期一家人出去旅游，让孩子感受多彩的世界，体会人活着"充满了意义"。

帮助孩子获得自我同一性

创建环境：尊重、认可、重视

参加户外活动：真有意思！

其实随着孩子的成长，他有更多自己的想法，他需要有更多的空间和自由，需要我们给予更多的支持与理解。作为父母的我们，要跟随孩子的成长及时更新育儿理念，通过科学的陪伴来倾听孩子的内心。当孩子遇到问题时，我们要跟他一起分析和解决。我们允许孩子说"我不想活了"，但我们不能让孩子一直陷入精神内耗中。

5 孩子有自杀心理,父母该怎么做

有一个小学老师,他把一个学生随手写的一张纸拿给我看。上面的字密密麻麻的,写的全是"你去死吧",令人触目惊心。我对他的家庭进行了解后发现,他的父母总是否定他、打击他,让他很受挫,很自卑。他觉察不到自己的价值,也没有办法让父母和周围的人满意,他觉得自己不配活在这个世上。长期的自我否定让他做出过激行为,满纸的"你去死吧"更是他精神遭受极大折磨后的宣泄。

✿ 自杀分析

防止自杀的好办法不是关注自杀本身,而是应该更广泛地关注是什么因素导致了自杀的发生。关于孩子自杀因素的研究有很多,总体来说,主要有以下几个因素:

其一是家庭问题。在父母关系恶劣的家庭氛围中,争吵是家常便饭,经常听到父母争吵对青少年来说是一种高压力。父母关系不和,无心教育孩子,对孩子的关注很少,从而造成孩子情感缺失。父母对孩子期望过高也是导致孩子出现心理危机的重要原因。孩子达不到父母期望的高度,心理落差就会越来越大,父母的不满与指责又会加重他对自己的负面评价,从而出现内疚、自责。

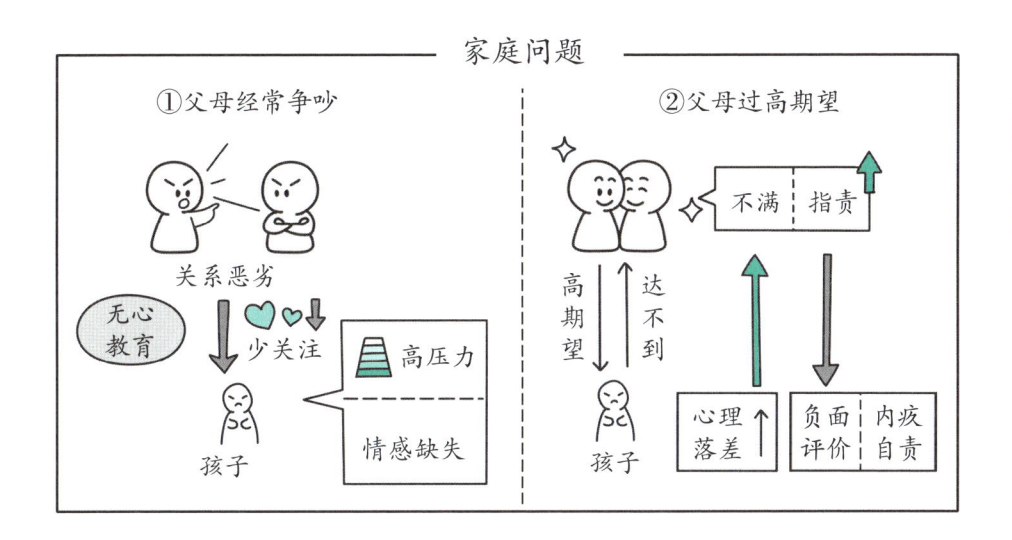

其二是孩子的个性。性格内向、急躁冲动、孤僻抑郁、敏感脆弱的孩子，更容易在挫折面前产生自杀意念，甚至出现自杀行为。

其三是孩子的身心特点。青少年时期被喻为心理发展的断乳期，孩子普遍存在逆反心理，常常听不进家人的劝告，许多事情也不愿意和父母沟通，容易积累一些情绪垃圾。有些学校过分重视成绩，对心理教育不太看重，一些有心理障碍的孩子，自我排解和处理问题的能力较弱，心理问题长期得不到救助和解决，有可能会变得消极、抑郁，出现自杀意念和实施自杀行为。

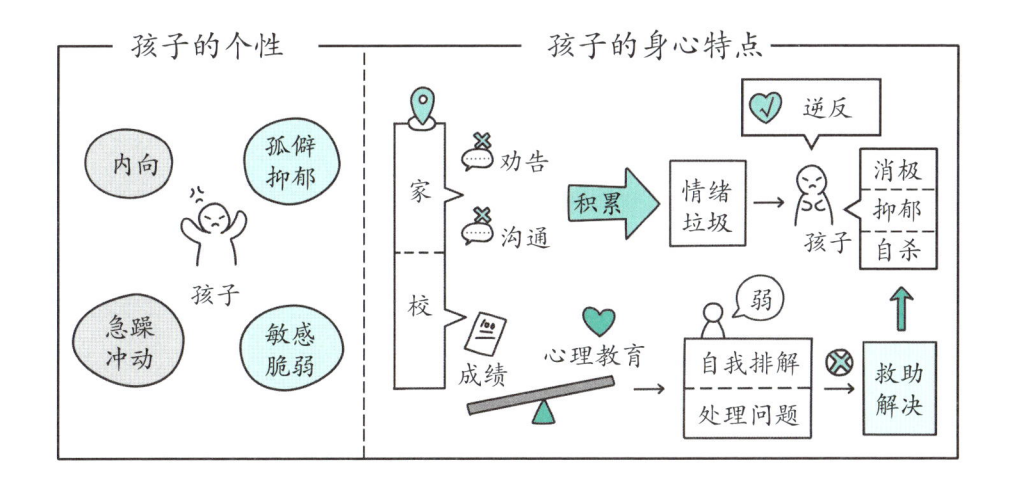

❋ 预防自杀

第一，停止一切打击孩子的行为。不少父母奉行打击教育，认为此举能够防止孩子骄傲自满，教会孩子谦虚恭顺。有些父母更是认为孩子心灵太脆弱，抗打击能力差，需要经历点坎坷和打击。可是这样的打击会使孩子丧失安全感，影响孩子的自信心，使孩子失去探索的勇气。父母要想孩子心灵健康，就要停止对孩子的打击。

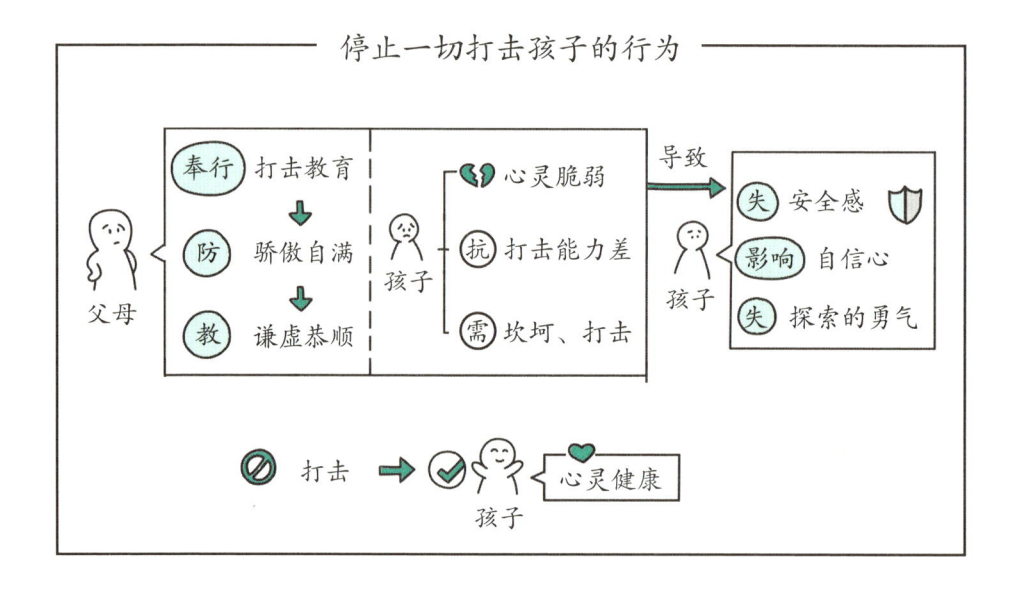

第二，尝试接纳孩子。我们要用实际行动告诉孩子，就算他犯了错，失败了，我们也会爱他并接纳他。我们也要接纳孩子的内在情绪，学会理解孩子的生气、伤心、迷茫、犹豫，而不是一上来就否定孩子，指责孩子。多跟孩子沟通，倾听孩子的心声，了解孩子的真实需要，不强加自己的期望在孩子身上，鼓励他做自己喜欢做的事。不管他是否天资过人，我们都愿意让孩子选择做他自己，允许他展现自己独一无二人的个性。当我们尊重他、不再控制他的时候，他就不会背负那么大的精神压力。

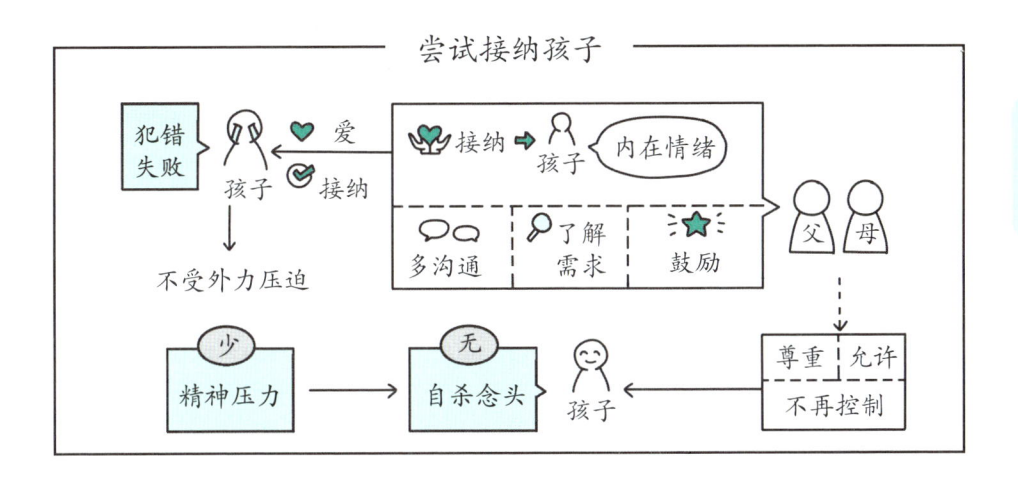

[尝试接纳孩子图示：犯错失败 → 孩子 ← 爱/接纳 ← 接纳→孩子→内在情绪 → 父母；多沟通、了解需求、鼓励；少 精神压力 → 无 自杀念头 ← 孩子 ← 尊重/允许/不再控制；不受外力压迫]

第三，给孩子足够的爱，高质量地陪伴。我们在陪伴孩子的过程中，应当尊重孩子，无条件去爱他，放下心中对孩子的期待与评价，只做好自己该做的。我们要放下成人的思维和身段，和孩子一起学习成长，尽可能给予孩子最好的呵护和陪伴，也让自己变得更加完美。在咨询时，我一般会让这类孩子的家长做亲职辅导，让父母学习怎么样跟孩子相处，如何改变自己的不良教养行为。

希望我们的孩子都生活在阳光下，有一个快乐的童年。

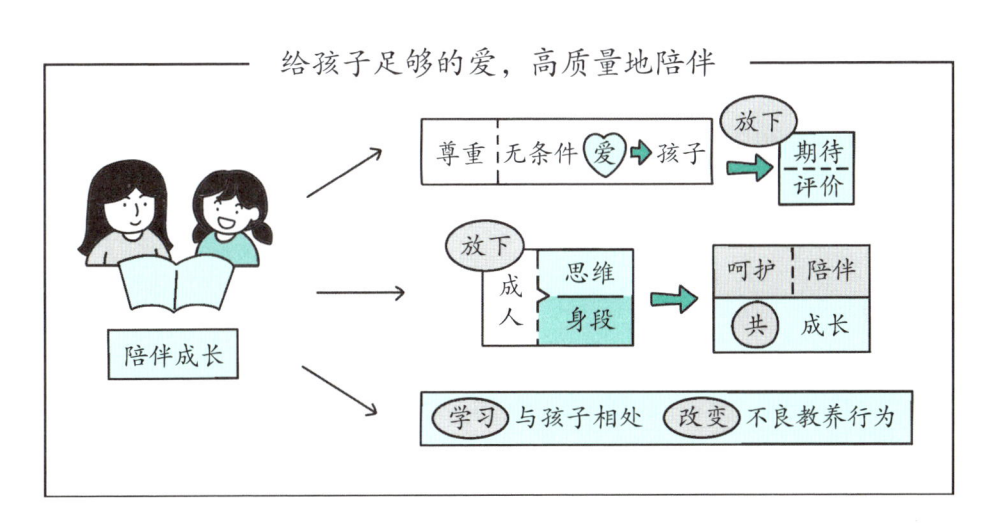

[给孩子足够的爱，高质量地陪伴图示：陪伴成长 → 尊重 无条件 爱→孩子 → 放下 期待 评价；放下 成人 思维 身段 → 呵护 陪伴 共 成长；学习 与孩子相处 改变 不良教养行为]

6 "表扬"和"鼓励",有着惊人的差别

在提倡正面管教和赏识教育的今天,有些父母会把"表扬"和"鼓励"混为一谈,认为两者都是对孩子说好听的话,激励孩子积极向上不断前进,但来自斯坦福大学的实验结果却让人震惊,原来"表扬"和"鼓励"的结果大相径庭。

❁ 表扬与鼓励的区别

斯坦福大学教授、著名发展心理学家卡罗尔·德韦克和她的团队一直致力研究表扬对孩子的影响,他们曾对纽约 20 所学校 400 名五年级学生做了 10 年的长期研究。

在实验中,他们让孩子们独立完成一系列的智力拼图任务。在第一轮测试中,测试题目非常简单,几乎所有的孩子都能出色地完成任务。每个孩子完成测验后,研究人员会把分数告诉他,并附上一句鼓励或表扬的话。

研究人员随机地把孩子分成两组,一组孩子得到的是一句关于智商的夸奖,比如"你在拼图方面很有天分,你很聪明"。另一组孩子得到的是一句关于努力的鼓励,比如"你刚才一定非常努力,所以表现得很出色"。

同样是表现出色,"你很聪明"的夸奖,表明孩子表现好是应该的,而"你很努力"的鼓励,则表明孩子是因为尽力才表现好。

❁ 表扬使孩子不愿面对挑战

实验者随后让孩子们参加第二轮拼图测试,这时有两种不同难度的测试可选,一种是和上一轮类似的简单测试,另一种则比较难,但会在测验

过程中学到新知识。结果发现，在第一轮中被鼓励的孩子，有90%选择了难度较大的任务，而那些被表扬聪明的孩子则大部分选择了简单的任务。

由此可见，被表扬聪明的孩子不喜欢面对挑战，被鼓励的孩子更愿意超越自我。

为什么会这样呢？德韦克在研究报告中写道，当我们夸孩子聪明时，等于是在告诉他们，为了保持聪明，不要冒可能犯错的风险。这就是实验中"聪明"孩子的所作所为，为了保持看起来聪明而躲避出丑的风险。

在德韦克的第三轮测验中，所有的孩子参加同一种测试，没有选择。测试很难，是初一水平的考题，可想而知孩子们都失败了，先前得到不同夸奖的孩子们对失败产生不同程度的反应。

德韦克回忆道："那些被鼓励的孩子，在测试中非常投入，并努力用各种方法来解决难题。好几个孩子都告诉我，这是他们最喜欢的测验，虽然最后没有成功，但他们愿意接受这个挑战。那些被夸聪明的孩子则认为，失败是因为他们不够聪明，他们在测试中一直很紧张，做不出题来会觉得很沮丧。"

鼓励使孩子越挫越勇

实验者在第三轮测试中故意让孩子遭受挫折，接下来让他们做第四轮测验，测试的题目和第一轮一样简单，那些被鼓励的孩子，在这次测验中的分数比第一次提高了30%左右，而那些被夸聪明的孩子，这次的得分和第一次相比却退步了大约20%。因为被夸聪明的孩子一旦受挫，他们就会继续往下滑，而那些被鼓励的孩子，已经形成了越挫越勇的心理素质和自我超越的动力。

后面对孩子的追踪访谈中，德韦克发现，那些认为天赋是成功关键的孩子，不自觉地看轻努力的重要性。这些孩子会形成这样的思维："我很聪明，所以我不用那么用功"，他们甚至认为努力很愚蠢，等于向大家承认自己不够聪明。

德韦克的实验重复了很多次，她发现无论孩子有怎样的家庭背景，都受不了被夸聪明后遭受挫折的失落感，男孩女孩都一样，尤其是成绩好的女孩，遭受打击的程度更大。

❁ 父母要多鼓励、少表扬

鼓励会使一个人不断形成自我超越的动力，而表扬只能使一个人更多地围绕目标而去行动。鼓励是给对方打气，希望对方挑战自我，做得更好，关注点是在做事的过程中，而表扬注重做事的结果，主要归因为对方的能力。

对于表扬，孩子在这个过程中学到的是"寻求认可上瘾"，久而久之孩子的抗挫能力变差，父母只是夸他好，并没有夸他努力，孩子忽略了努力，只是为了追求父母的认可才去学习。当孩子处于小学阶段时，他把事情的成功归因为自己的能力，期待周围人的表扬。一旦孩子进入初中、高中之后，随着学习难度的增大，他也迎来了新的挑战。此时他的表现可能不如小学时期那么出众和优秀，受到的赞美也会减少，接受不了现状的他就会感到迷茫、沮丧，时间一长可能会出现心理问题。

为了孩子长期更好的发展，拥有战胜困难的勇气，父母要多鼓励孩子。鼓励孩子时一定要讲细节。比如说孩子给妈妈买了围巾，如果妈妈只是回应"你做得很棒"，可能会给人敷衍应付的感觉，但是如果能说出细节，"你给妈妈买的围巾很大，在寒冷的冬天，围上它一定很暖和"，就会让孩子感觉你是很重视且喜欢这条围巾的。

讲事实，摆证据，有逻辑，才会让人信服，空洞式的"加油""你可以的""你真的很棒"，多少会让人觉得没分量。作为父母，我们要多鼓励，少表扬，多描述，少评价，这样可以避免孩子被表扬"绑架"。

父母要多鼓励、少表扬

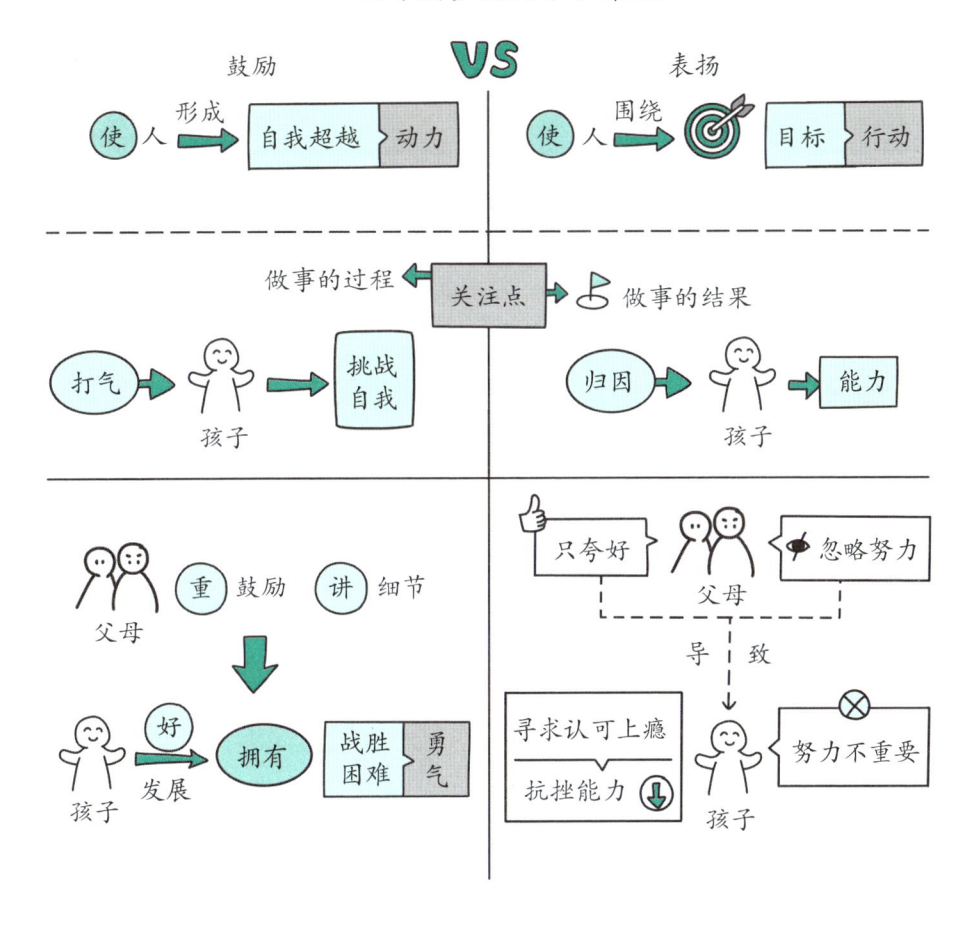

鼓励 VS 表扬

使人 →形成→ 自我超越 → 动力

使人 →围绕→ 🎯 目标 → 行动

做事的过程 ← 关注点 → 做事的结果

打气 → 孩子 → 挑战自我

归因 → 孩子 → 能力

父母 重鼓励 讲细节 ↓
孩子 →好发展→ 拥有 → 战胜困难 勇气

只夸好 👍 父母 👁忽略努力
导致 ↓
寻求认可上瘾
抗挫能力 ↓
孩子 →→ 努力不重要 ⊗

第 3 章　点燃孩子的价值感

7 孩子因抑郁症休学，这样做能帮到他

近年来，抑郁症低龄化的趋势引起了家庭、学校乃至社会的广泛关注。关于孩子因抑郁症休学的话题也越来越多。本应该在教室学习知识和技能的孩子，却被抑郁症打乱了一切，被迫休学，父母只能无奈接受。自此孩子成了父母心里的痛，如何帮助孩子更是父母迫不及待的需求。

❋ 抑郁症引发无价值感

作为父母，了解抑郁症很重要。当父母了解抑郁症的发病原因和症状后，可以进行有效干预。

抑郁症患者往往不习惯表达自己的愿望和感受，有苦总会选择自己扛着，久而久之，那些消化不了的负面情绪便转化为抑郁的心境。抑郁症患者通常处于情绪持久低落的状态，他将自己描述得一无是处，渺小而无能，觉得自己做什么都难以成功，完全感受不到自己的价值。

无价值感是一种发自内心的自卑感觉，是一种深刻的自我否定。这种感觉会导致患者感觉人生没有任何意义，没有任何目的，整个人时常陷入失意、抑郁、恐慌、焦虑、迷茫、纠结和绝望中。这是抑郁症患者情绪痛苦的原因之一。他会自责、自怨，并且觉得自己应该受到惩罚。他可能会希望自己从这个世界上消失，自杀的念头便由此而生。

因此，正确看待和积极应对抑郁症所带来的无价值感和无力感是至关重要的，尤其面对的是因抑郁症休学的孩子。孩子的抑郁很大程度上和家庭有关。家庭关系不融洽，父母经常指责或无视孩子，致使孩子很难把心中的苦恼和父母倾诉，这些都是抑郁症的诱发因素。

抑郁症引发无价值感

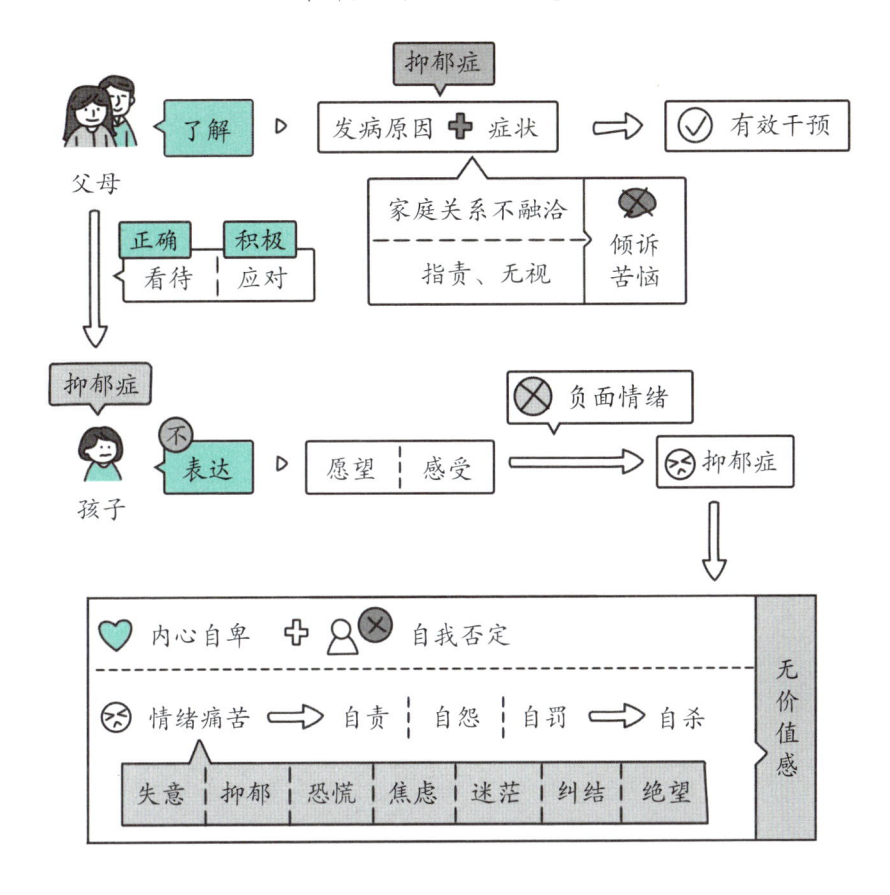

```
                          抑郁症
                            │
              了解  ▷   发病原因 ✚ 症状  ⟹  ✓ 有效干预
     父母      │
               │         家庭关系不融洽 ─── ⊗ 倾诉
         正确 │积极       指责、无视        苦恼
         看待│应对
               ▽
              
          抑郁症                  ⊗ 负面情绪
            │      不                      │
            │  ▷  表达 ▷  愿望│感受  ⟹  ⊗ 抑郁症
         孩子                                   │
                                                ▽
```

♥ 内心自卑 ✚ 👤⊗ 自我否定	无
⊗ 情绪痛苦 ⟹ 自责│自怨│自罚 ⟹ 自杀	价
失意│抑郁│恐慌│焦虑│迷茫│纠结│绝望	值感

✿ 不要急于复学

当孩子休学时，父母要给他充足的时间进行自我调整，不要急于催促孩子复学。很多父母接受不了孩子因抑郁症休学的事实，一看到孩子情绪暂时稳定下来，就立马停止治疗，送孩子去学校，殊不知，这种做法只会让孩子越来越逃避学校和社会。虽然孩子的情绪暂时稳定了，但是还没有充足的时间整理纷乱的思绪，储存积极的情绪去面对接下来的学校生活和学习挑战。我们需要陪伴孩子找到内心真实的想法和恐惧，锻炼积极的应对方式，培养积极的情绪，提升心理动力。

只有父母接纳孩子的状态，给孩子足够的安全感，孩子才愿意敞开心扉倾诉心中的委屈，进而父母才能知道孩子患抑郁症的具体原因。如果孩子有对父母的控诉，父母要真诚地道歉，并向孩子承诺改正错误。如果有对学校的控诉，父母要联络老师和学校，想办法帮助解决。孩子敞开心扉后，也代表了孩子对生活还有期待，接下来父母要帮助孩子寻找自信和勇气。

❈ 重新树立孩子的价值感

自我价值感的缺失是抑郁症的典型表现，其背后与孩子消极的思维模式、错误的思想观念等有关。要想孩子摆脱抑郁困扰，就需要重新树立他的价值感。这个过程并不容易，要花费大量的时间和精力。

第一，停止对孩子的伤害。父母不要讽刺挖苦，也不要爱答不理，更不能做一些肢体的伤害行为，否则只会让孩子远离父母，最终酿成不良后果。平时父母要鼓励孩子，让他发现自己的价值，让他知道有疼爱他的父母亲，让他活得有信心。

第二，让孩子做自己喜欢的事情。孩子有兴趣之后，才会主动参与，沉浸其中，并体验到快乐和价值，父母只需要从旁引导与鼓励，而非事事代劳。

第三，让孩子参与家庭生活。父母可以让孩子适当做一些力所能及的家务，如打扫卫生、做饭、洗衣服等，并及时肯定孩子："正因为有你的帮助，妈妈才有时间做更多的事，妈妈真的很感谢你。"让孩子意识到他所做的事有价值，他是有能力通过付出改变周围人的生活状况的。这时他对自我的评价会很高，他内心的力量就会不断增强。

重新树立孩子的价值感

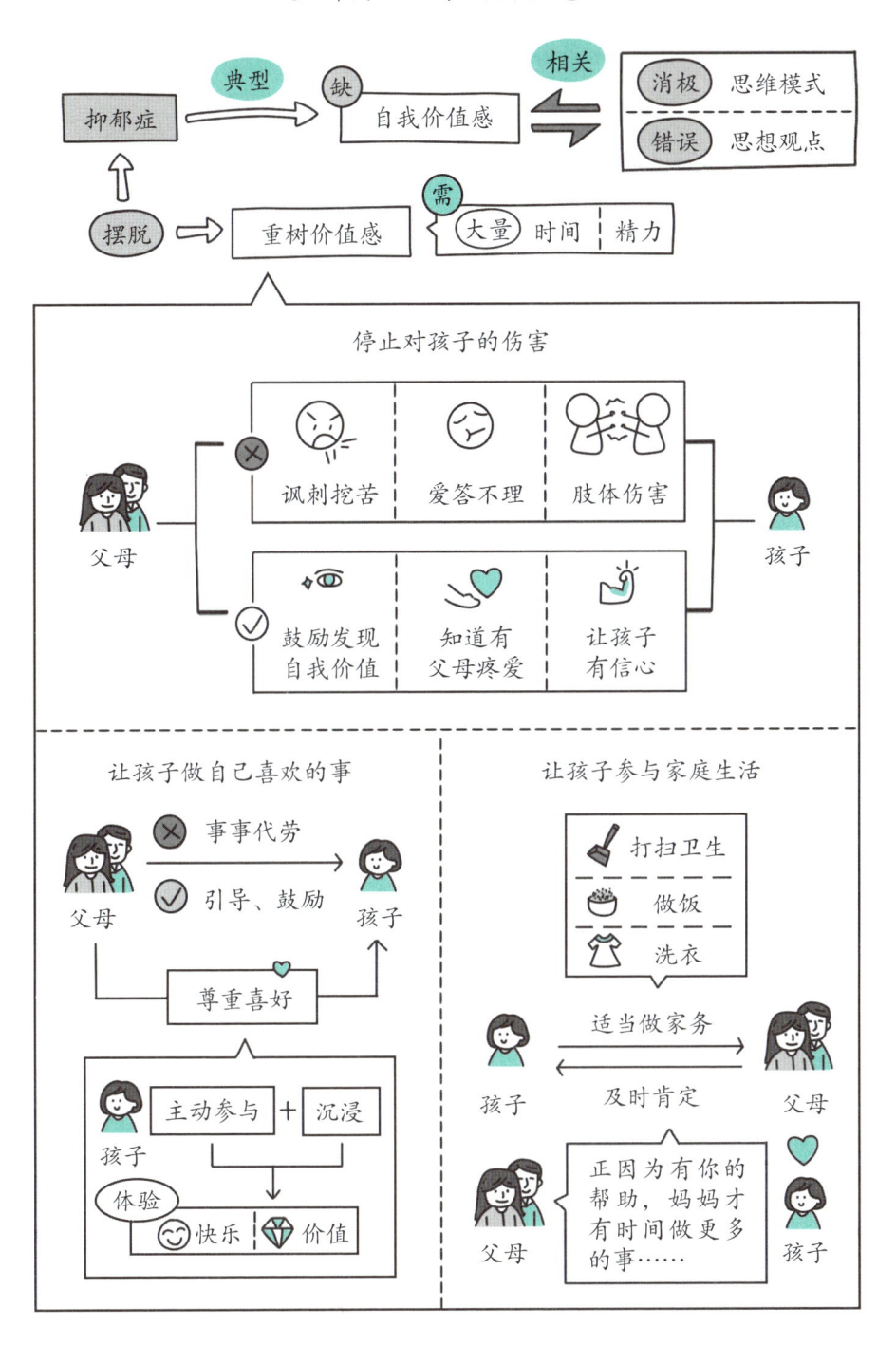

抑郁症 —典型→ 缺 自我价值感 ⇌相关 消极 思维模式 / 错误 思想观点

摆脱 → 重树价值感 需 大量 时间 精力

停止对孩子的伤害

父母 —✗— 讽刺挖苦 | 爱答不理 | 肢体伤害 —— 孩子

父母 —✓— 鼓励发现自我价值 | 知道有父母疼爱 | 让孩子有信心 —— 孩子

让孩子做自己喜欢的事

父母 ✗ 事事代劳 / ✓ 引导、鼓励 → 孩子

尊重喜好

孩子 体验：主动参与 + 沉浸 → 快乐 价值

让孩子参与家庭生活

打扫卫生
做饭
洗衣

孩子 ⇌ 适当做家务 / 及时肯定 ⇌ 父母

父母对孩子说：正因为有你的帮助，妈妈才有时间做更多的事……

第 3 章 点燃孩子的价值感

❀ 家庭要营造良好的情感氛围

父母要把孩子的这次生病当作是亲子关系修复的一个契机，要细心观察，耐心陪伴，多抽时间和孩子聊聊天，听听孩子的心里话，哪怕是不完全正确的认知，父母也不要急着去否定，更不要急着去批判，要让孩子感受到父母对他的接纳和认可。

父母要理解孩子现在的痛苦，不要试图压抑孩子的感受，孩子哭泣或者发脾气的时候，不要觉得特别糟糕，因为如果抑郁症患者能对外发脾气，说明这种攻击性逐渐从对内转向对外，情况在好转。

父母要陪伴孩子动起来。孩子在情绪低落的时候，往往不爱动，越不动情绪就越低落，容易形成恶性循环。因此，父母可以陪孩子做一些运动和外出活动，如带孩子去打球、跑步、散步、购物等。

第4章

培养孩子独立、自信的人格

独立是生存教育的根本，独立性强的孩子做事有明确的目的，能够积极主动地完成各项实际任务。自信是孩子成长过程中的精神核心，是促使孩子充满信心去面对困难，努力完成自己愿望的动力。孩子的独立、自信要靠锻炼和经验的积累。父母应多给孩子创造锻炼的机会，放手让孩子去做。每个人在成功过程中，都需要肯定和激励。对于孩子独立完成的事，只要孩子付出了努力，结果无论怎样，父母都要给予认可和赞许，从而提高孩子的自我肯定感。

独立、自信的孩子自然强大

独立、自信是现在社会非常推崇的个人品格，也是父母教育孩子的重要方向与目标。一个独立又自信的孩子，无论身处何地都能闪闪发光，他敢于用脚步丈量世界，抵达未知的远方。

❁ 孩子是否独立、自信的表现

一位哲人说得好："谁拥有自信，谁就成功了一半。"自信是孩子成长过程中的精神核心，是促使孩子充满信心去面对困难，努力完成自己愿望的动力。孩子有了自信，内心才会有力量。

独立则是生存教育的根本，独立性强的孩子做事有明确的目的，能够积极主动地完成各项任务，拥有勇敢、自信、认真、专注、责任感和不怕困难的人格特质。

父母对孩子的过度关注和控制，往往会使他们缺少独立性与自信心，这样的孩子通常会有如下的表现：思维比较消极，常常往坏处想；做事犹豫，行动力较弱，想法却很多；容易情绪化和走极端；有时为了证明自己的存在，会挖空心思哗众取宠；常常取悦他人，为交朋友而交朋友，以证明有个人能力；常常顽固而有些自闭，或显得敏感多疑。

❁ 培养独立、自信品格的关键

心理学研究表明，处于成长期的儿童，明辨是非的能力虽然不是很强，但他们有自己独特的思维方式，他们每做一件事，都有自己的理由和想法。培养孩子独立、自信的前提是尊重，尊重孩子的想法和意见，把他们当作有独立思想的人。

1～3岁的孩子对大人所做的事都很感兴趣，加上孩子天生喜欢模仿，所以当他们看见大人在干什么，他们也学着干什么。如大人在叠衣服，他们也要来帮忙；大人在扫地，他们也要抢着扫……这些都是孩子独立意识开始发展的表现。此时孩子的可塑性最强，最容易接受教育，是培养孩子独立意识的最佳时期。

✿ 如何高效培养孩子的独立与自信

多锻炼孩子。著名教育家陈鹤琴先生曾提出："凡是儿童自己能做的，应该让他自己去做；凡是儿童自己能想的，应该让他自己去想。"幼儿具有好奇好问的天性，对待他们所提出的问题，父母应启发他们自己动脑思考，去寻求答案。

父母应多给孩子创造锻炼的机会，放手让孩子去做，不要怕孩子做不好，也不要求全责备，更不能包办代替。父母可以制订一些让孩子经过一定努力就能达到的目标，孩子取得进步和积累成功经验后，也会有更多的自信心。

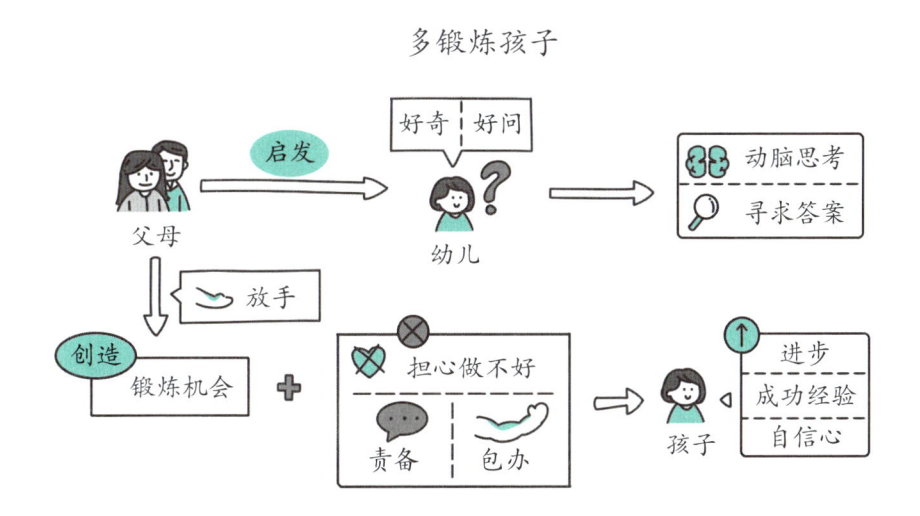

多锻炼孩子

多激励孩子。每个人在成功过程中,都需要肯定和激励。对于孩子独立完成的事,只要孩子付出了努力,结果无论怎样,父母都要给予认可和赞许,使孩子产生自信心,让孩子感觉到"我行"。这种感觉很重要,它是孩子独立性得以发展的动力。如果父母对孩子的付出不管不问,孩子就会不知所措,迷茫不安。当然,如果父母期望过多,孩子一直没成功,父母就焦虑,觉得孩子不行,这对孩子自信心的打击是非常大的。

特别提醒的是,孩子的心理发展是一个由量变到质变的过程,所以培养孩子的独立性和自信心需要一步一步来,千万不能操之过急。

多激励孩子

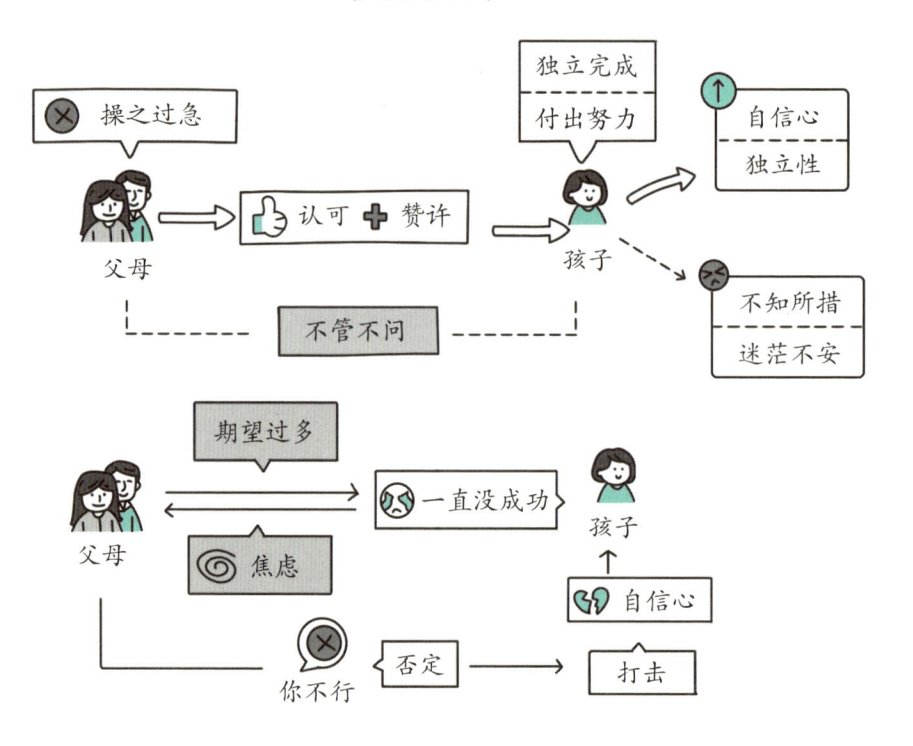

2 有网瘾的孩子需要父母的爱

网络改变了孩子的生活，在让他们便捷地获得学习资源的同时，也让一些人沉迷其中，大大增加了他们对网络和游戏成瘾的可能性。

✲ 多巴胺的释放与满足感的缺失

网瘾就是上网者把大量的时间、兴趣、精力放在网络上面，从而使人出现一种无法自拔、无力控制的着迷状态。有网瘾的患者严重依赖虚拟世界，对现实世界充满厌恶，他们的心理也存在抑郁、偏执、强迫等不良状态，重度的网瘾患者甚至会丧失学习和工作的能力，需要长期吃药和进行心理治疗。

什么是网瘾

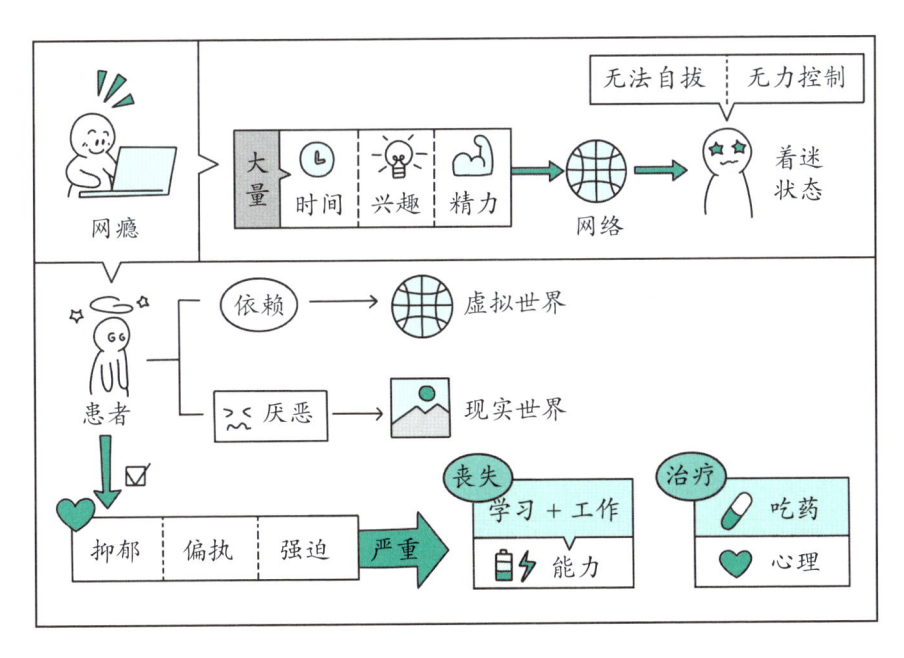

孩子有网瘾只是表象，深挖下去会发现，网瘾与多巴胺的释放与满足感的缺失有关。

从生理层面来讲，网络游戏，甚至是刷网页，能够让大脑在短时间内分泌大量的多巴胺。多巴胺是一种神经传导物质，它主要负责传递兴奋的信息。多巴胺的释放会让我们感到快乐，甚至上瘾。

从孩子自身来讲，他们的身心发展迅速，对新事物敏感并且容易接受，好奇心强，渴望友谊和交流，也特别需要别人的理解、认同和支持。在现实生活中，由于一些因素的影响，他们对人际交往、自我实现等方面的需求难以获得满足，只能在虚拟的网络社会寻求安慰。另外，因为网络游戏中的各种人物形象、故事对孩子有很强的吸引力，他们的自控力又不足，所以很容易深陷网络，无法自拔。

孩子有网瘾的原因

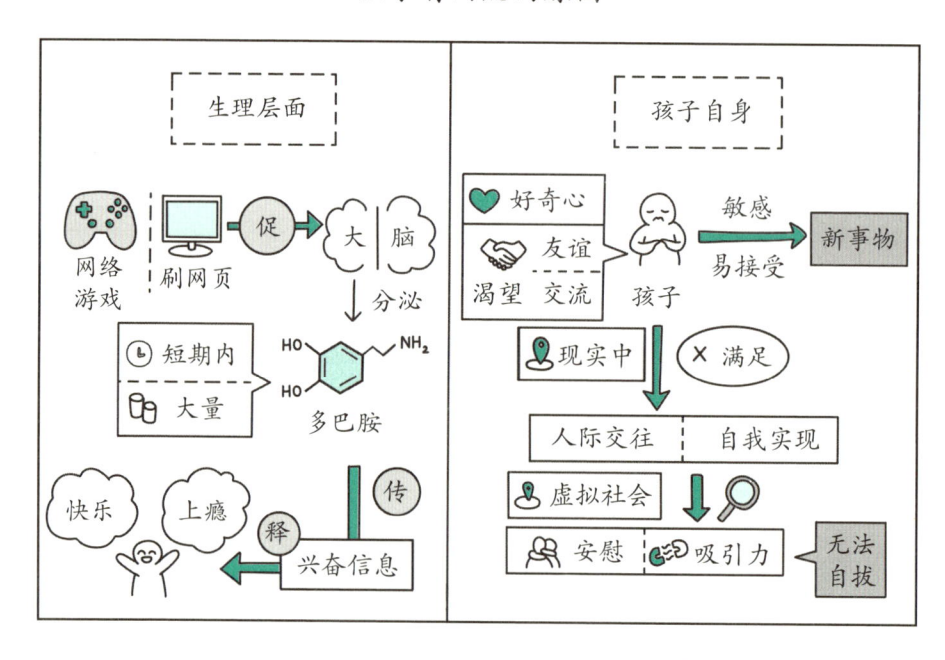

如果父母对孩子的网瘾干预不当，孩子在网络世界容易越陷越深。如果问题持续多年得不到有效解决，有可能导致孩子辍学，对未来失去信心，出现混日子的情况。

✿ 增加孩子爱的归属

治疗网瘾的最好方式就是让孩子内心有爱的归属，心灵能够处于一个愉悦的水平，那么这个"瘾"自然而然地就消失了。

心理学家曾经做过这样一个实验：把小白鼠单独放在一个环境里，里面有有毒的水（掺了吗啡的糖水）和无毒的水（普通的自来水），处于孤独环境的小白鼠会拼命地喝有毒的水。同样一只小白鼠，把它换到快乐的家园里，那里有爸爸妈妈和兄弟姐妹，小白鼠只会喝没有毒的水，即使非常饥渴的情况下也很少会选择喝有毒的水。

实验表明，当小白鼠有亲密关系，有同伴不孤独的时候，它往往不会通过喝有毒的水来获得刺激感，而孤独的小白鼠，它更需要有毒的水获得刺激感。

作为父母，当我们发现孩子有网瘾时，不妨从心理层面去考察一下，在孩子的整个教养过程中，是否忽略了孩子，是否给孩子足够的爱。

增加孩子爱的归属

❀ 培养孩子良好的心理素质

虽然提倡素质教育，但有些父母还是过于关注孩子的文化课成绩和名次，以至于使学习变得枯燥无味。同时，父母忽略了孩子的兴趣爱好，忽略了孩子人际交往和优秀品格的塑造。

父母应当多鼓励孩子与同伴玩耍，参与集体活动能更好地锻炼孩子与人交流的能力，能更好地适应社会。平时父母应当让孩子独立去做事情，不能大包大揽。如果孩子在做的过程中出现了困难，父母应该及时帮助孩子分析原因以及利弊，让孩子学会做出正确的判断。

尤其要注意的是，父母不要拿自家孩子与别人家的孩子互相攀比，这样容易使孩子养成虚荣心或打击孩子的自信心。因为孩子辨别是非的能力不强，人生观、价值观也尚未形成，与父母朝夕相处的孩子很容易对父母的言行产生认同。

培养孩子良好的心理素质

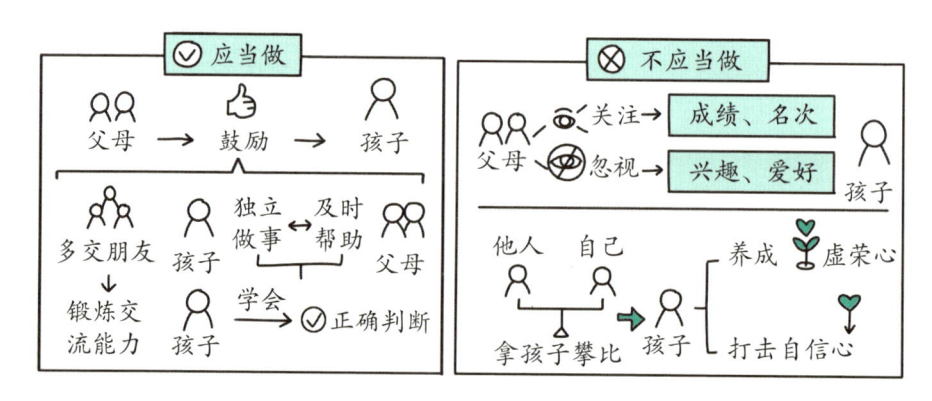

❀ 增加快乐的方式

快乐的方式有很多种，网络游戏在带给孩子快乐的同时，也会让孩子越来越依赖网络，陷入恶性循环，所以我们要多给孩子提供健康的快乐方式。

多带孩子参加一些竞技运动。竞技运动和孩子玩手机游戏一样，有胜负有计分，赢了会有成就感，输了也可以激发斗志。竞技运动如足球、篮球、乒乓球、羽毛球等，特别能激发孩子参与的欲望，他们会表现得很积极。

多让孩子做一些家务。很多父母反映，孩子不爱干活，其实孩子不是反感干活，而是反感被安排任务，不能自由做主。如果我们给孩子一定的自主权，如孩子可以布置任务、下发任务，自由选择需要完成的任务，还可以去监督家庭成员的劳动状况，孩子是非常乐意参与的。

多带孩子阅读。阅读的品类可以不加限制，如小说、散文、漫画等，只要是孩子喜欢的都可以。多带孩子去图书馆或书店逛逛，亲子共读，给孩子一个读书的氛围。当孩子的阅读行为从被动变主动之后，孩子就会感受到阅读的乐趣。

增加快乐的方式

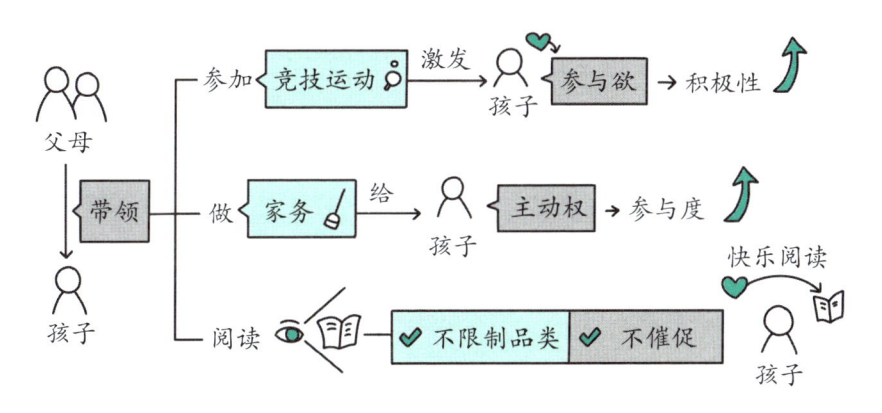

3 孩子不愿在学校排大便

有一个妈妈向我求助,她说孩子在幼儿园里不愿意排大便,哪怕憋得很难受,也要回到家里排大便。全国幼儿成长研究中心的一份报告指出:80%的孩子不愿意在幼儿园排大便,只有20%的孩子不受影响。接下来,我们一起探讨孩子不愿意在学校排大便的原因,以及解决方法。

❀ 受羞耻感的影响

为什么孩子不愿在学校排大便呢?心理学家埃里克森认为,1.5~3岁的孩子处于自主与害羞、怀疑的冲突阶段,在这个阶段,他开始随心所欲地决定自己做和不做某些事情,而排泄大小便就是其中之一。孩子成长到3岁左右,就有了羞耻感,他知道上厕所是一件很私密的事情。很多学校的厕所是开放式或者半包式的蹲厕,老师可能会让小朋友排队集中上厕所。这样一来,排大便、擦屁股这么隐私的事情,就要暴露在老师和同学眼前,会有一种被人审视的感觉,当着大家的面排又"脏"又"臭"的大便,让他感觉很羞耻。

还有一些孩子会被负强化。比如说动作比较慢的孩子,会被老师或其他伙伴催促;曾经有在学校排大便后,怎么冲都冲不干净的"黑历史"……这些都会让孩子产生在学校排大便的羞耻感,于是下一次就不敢在学校排大便了,他更愿意在有安全感的家里排大便,在父母的照看下冲走大便。

❀ 内心缺乏安全感

一个自由、安全的环境会让孩子感觉放松,而能否以轻松的心态排便,

孩子不愿在学校排大便的原因

受羞耻感的影响

① 环境不适应

厕所 开放式 或 半包式

集中排队上厕所

② 在学校被负强化

被催 快点！ 固 冲不掉 学校 vs 安全感 在家
- 私密性高
- 不会被催
- 父母照看

内心缺乏安全感

自由 安全 利于孩子轻松排泄

vs

低安全感 ← 父母批评指责 ← 无固定看护 → 憋屎 憋尿 压抑自己

体现了孩子是否有足够的安全感。在幼儿园，有的孩子心理上的安全感远远不够，所以他会压抑自己，表现之一就是憋屎憋尿。关于上厕所这事，孩子和父母很少交流，孩子和孩子之间更是很少谈论这个话题。如果再遇

到比较严厉父母,经常批评指责孩子,孩子就更压抑自我了。

还有的孩子,没有固定的监护人照看。如孩子刚生下来的几个月,奶奶照顾她;又过了几个月,奶奶回老家了,妈妈照顾她;妈妈照顾她一段时间后,因为要上班又交给保姆照顾。一个人对另一个人由熟悉到信任需要很久的时间,如果经常更换照顾孩子的人,孩子的内心就会缺乏安全感,不愿意和父母沟通,性格也会比较自闭。

❖ 自理能力达不到

有的孩子穿得太多,光是脱裤子对孩子来说已经是一项大工程,为了避免麻烦,孩子干脆憋着不拉。还有的孩子可能不会擦屁股,在家里都是由父母帮忙完成的,到了学校后,老师不可能时刻照顾到,孩子可能因为害怕老师而不愿意请老师帮忙。有些孩子的腿部力量不够,厕所的蹲厕设计使孩子担心蹲下去会摔倒,自然就不愿意在学校排大便了。

孩子不愿在学校排大便的原因

✦ 改善方法

孩子不愿意在学校上厕所，理由还有很多，可是为了孩子的健康着想，作为父母的我们应该积极地引导，让孩子适应学校的生活，而不是一味地逃避。

第一，父母要照顾孩子的羞耻感，不要负性强化孩子的不良行为。一旦发现孩子在学校憋大便了，或者不小心拉在了裤子里，千万不要过分地指责孩子，这样只会强化孩子的羞耻感，加重孩子的心理负担。我们可以陪孩子看关于便便知识的绘本，给孩子做好人体消化、吸收、排泄的知识讲解，让孩子明白，排泄和吃饭睡觉一样，是人体的正常需求，不要有心理压力。

改善方法

第二，为孩子创造有爱的环境，满足他的安全需要。当孩子有害怕情绪的时候，父母要做的不是嫌弃而是陪伴。孩子不敢在学校上厕所，父母要多倾听孩子的想法，找出孩子害怕的原因，再根据孩子的情况给出解决方案。此外，父母要多和老师沟通，帮助孩子解决上厕所的问题。

第三，提高孩子的独立能力。父母最好在孩子上幼儿园之前，就教会他擦屁屁、冲厕所等能力，孩子可以自己处理问题，就不会麻烦老师。告诉孩子幼儿园和家里的不同，让他做好适应学校生活的准备。可以和孩子进行角色扮演，让孩子当老师，父母当小朋友，通过这样的方式让孩子明白，一旦想要上厕所，就要马上举手告诉老师，不要憋着。

改善方法

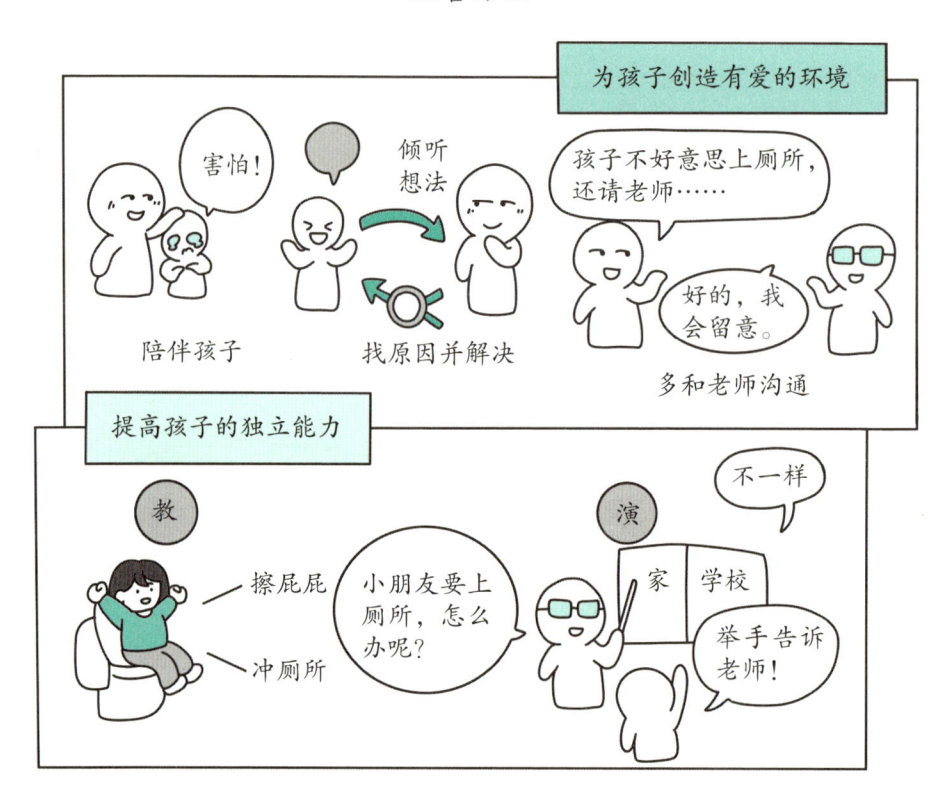

孩子做事拖拉，父母应少指责

有一些父母会向我倾诉遇到的问题："孩子做事怎么这么慢呢？吃饭、睡觉、写作业，总是拖拖拉拉的。我们在一旁看着真的很窝火，打又打不得，说他也不听。"的确，拖延的问题在很大程度上会耽误和限制孩子的发展，可能让孩子失去本不该失去的机会。作为父母，着急是可以理解的，但这个头疼的问题到底该怎么解决呢？

❀ 拖延的普遍性

拖延，就是把时间延长，不迅速办理某件事情，结果导致目标任务未能按时完成。拖延一旦形成习惯，就会上升到"拖延症"。拖延症并不是一个严格的心理学术语或医学术语，但严重或经常的拖延行为，往往伴随着缺乏自信、完美主义、自我贬低、内疚自责等，甚至还会引发焦虑症、抑郁症等。因此，我们需要重视拖延这个问题。

当然，拖延并不是孩子的专属，很多成人也有拖延的问题，只是程度和频率不同而已。

据中国社会科学院的一项调查发现，我国的拖延症患者以学生和职场人士居多，80%的大学生存在拖延症，86%的职场人士称自己有拖延症。拖延问题在我们生活中普遍存在，其一与生活习惯的养成有极大的关系，在出现拖延情况的时候没有好的方式改掉不良的习惯；其二是生活、学习和工作带来的压力大，人们总是不自觉地回避有压力和难度的事情，从而选择一拖再拖。

拖延的普遍性

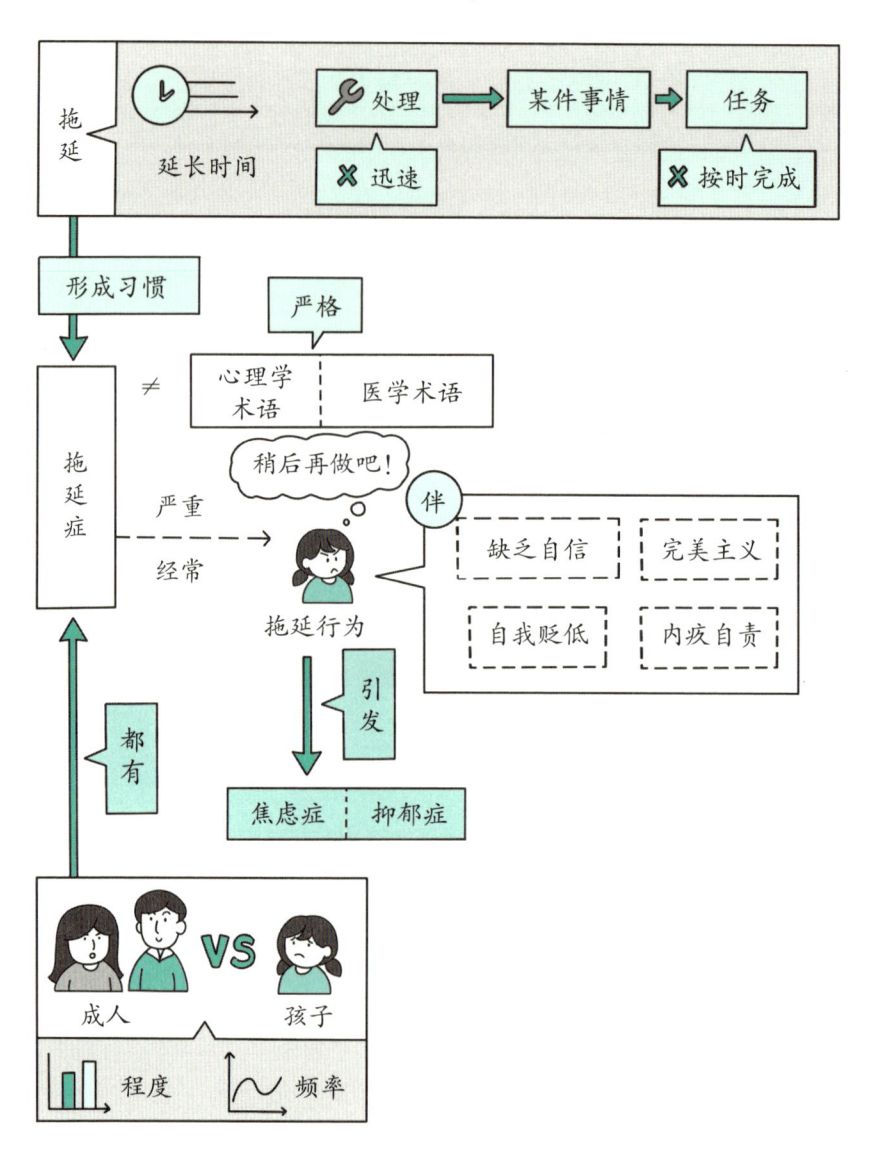

拖延 { 延长时间 → 处理 → 某件事情 → 任务
✗ 迅速　　　　　　　　　✗ 按时完成

↓ 形成习惯

拖延症 ≠ 严格（心理学术语 / 医学术语）

拖延症 —严重经常→ 拖延行为（稍后再做吧！）

伴：缺乏自信、完美主义、自我贬低、内疚自责

引发 → 焦虑症 / 抑郁症

成人 VS 孩子
都有：程度、频率

✿ 拖延实验

有研究者曾进行过相关的拖延实验。在实验中，研究员训练小猴子在合适的时间点释放杠杆，太早松开或太晚松开都算出错。电脑屏幕上有一个记录器，实时记录猴子的正确次数。当正确次数达到一定数量时，小猴子会得到果汁的奖赏。

在这个实验中，小猴子就像人一样，一开始在距离拿到奖赏还很遥远时会心不在焉，经常出错，还有拖延迹象，但是随着正确次数越来越多，小猴子也越来越上心，完成任务的正确率也越来越高。

猴子为何后面表现得积极，因为它看到了希望，它获得了即将完成任务的成就感、满意感、自豪感。这个实验启发我们，在让孩子做他不喜欢或者有难度的任务时，要增加孩子的积极体验感，让他获得成就感、满意感。

✿ 多鼓励、少指责

孩子在遇到有难度的事情时，会出现拖延的情况。他害怕自己完成得很糟糕，也担心自己完成不了而遭到父母的责骂。为了避免这种不好的体验，他干脆不做这件事，于是就出现了拖延的情况。

如果孩子符合这种情况，父母就要反思了，是否平时总是训斥孩子，使孩子的自尊心和自信心受挫，不敢挑战对他有难度的事情，不愿面对让他感到不安全的情境。此时父母应减少训斥，多鼓励孩子，给他多一些好的体验，让他有价值感和成就感。

父母可以适当与孩子交流，让孩子意识到一点错误都不犯是不可能的。那些伟大的发明家、艺术家都是在不断试错和修改中完成杰作的。同时父母要引导孩子发现自己的优点，并放大优点，这样更利于增强孩子的自信心。

在具体事情上，每当孩子有进步，父母就要及时鼓励，这样循序渐进，孩子有了解决难题的勇气和成功经验，就会慢慢改掉因惧怕而拖延的毛病。

父母要以身作则，自己做事的时候切记不要拖拉，不然父母在教育孩子的时候自己都不能理直气壮，孩子又怎么会听取教诲呢？

<多鼓励、少指责>

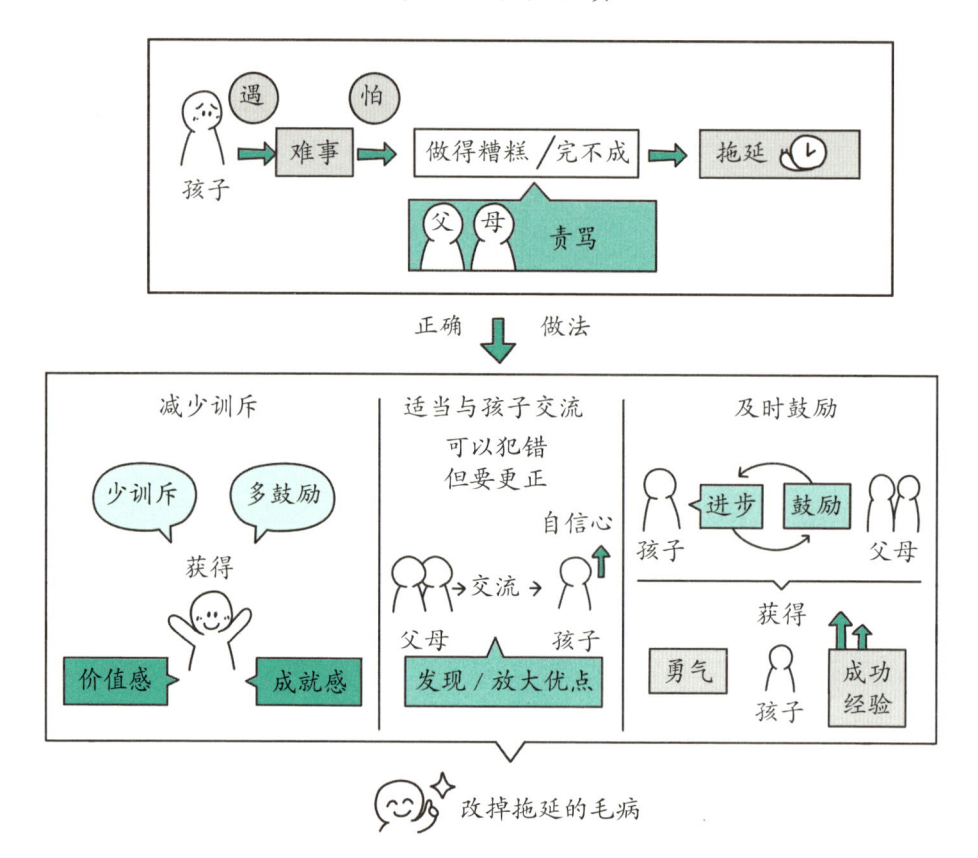

改掉拖延的毛病

❖ "时间四象限"的应用

一些孩子没有"一寸光阴一寸金"的概念，出现懒散、懈怠或拖拉的现象实属正常，这就需要父母多观察多了解孩子，想出切实可行的方法帮孩子建立时间观念。只要时间管理得好，孩子就可以做完该做的事。

"时间四象限"是把工作按照重要和紧急两个不同的程度进行时间划分的一种方法，基本上分为四个象限：紧急又重要、重要但不紧急、紧急但不重要、不紧急也不重要。紧急性就是需要立即处理的事情，不能拖拉。

重要性与目标是息息相关的，有利于实现目标的事物都称为"重要"。

父母可以帮助孩子建立"时间四象限"，让他知道什么时间应该做什么事，做完某件事大概要多长时间。如果孩子超过了时间，就要受到相应的惩罚；如果孩子如期完成，父母就要进行相应的奖励。孩子自己学会控制和安排时间，这才是战胜拖延的关键。

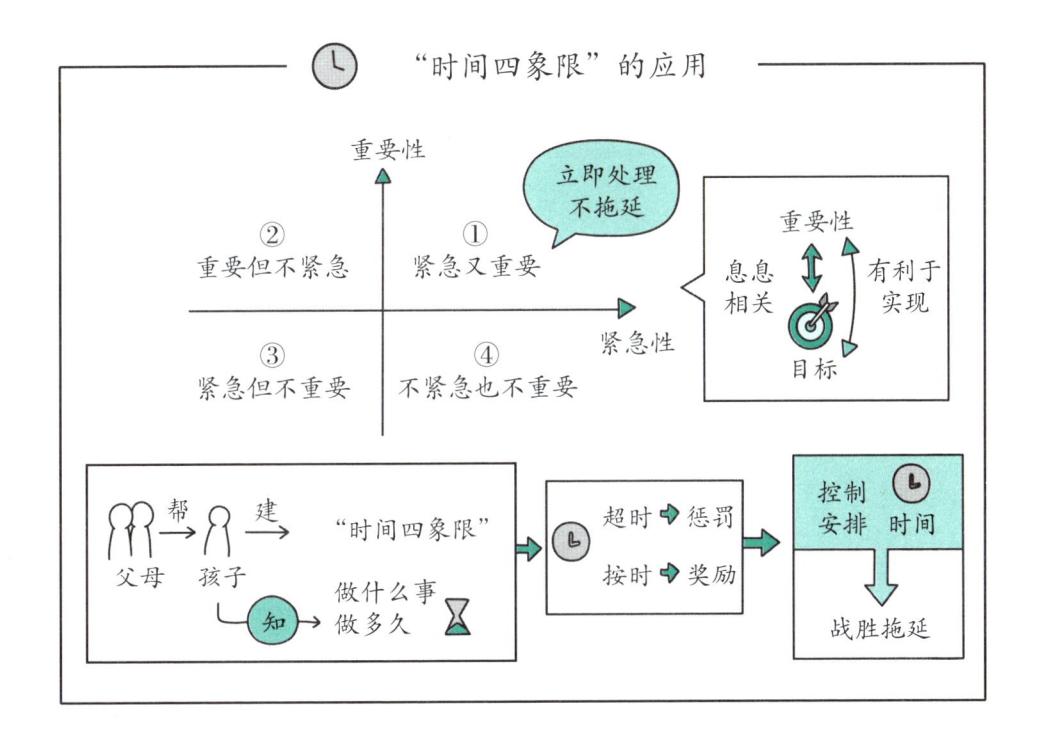

"时间四象限"的应用

① 紧急又重要 —— 立即处理 不拖延
② 重要但不紧急
③ 紧急但不重要
④ 不紧急也不重要

重要性 息息相关 有利于实现目标

父母 帮 孩子 建 知 "时间四象限" 做什么事 做多久 → 超时 ➡ 惩罚 / 按时 ➡ 奖励 → 控制安排时间 ➡ 战胜拖延

5 孩子不喜欢整理自己凌乱的房间

有些孩子不喜欢整理自己凌乱的房间，这可急坏了父母。每当看到孩子乱糟糟的房间，父母总想上去教训两句，但父母说多了，孩子又不乐意听，还觉得很委屈。为何孩子不愿整理房间呢？有什么办法可以解决这个问题呢？

❀ 秩序教育不容缺失

2～4岁是孩子秩序敏感期形成的重要时期。孩子在建构内在秩序的同时，对于外在秩序也非常敏感，一般会对场所、顺序、所有物、约定和习惯等方面有要求。如椅子要放回原来的位置，出门要遵守交通规则……这个时期的孩子严格遵守秩序，一旦父母破坏和违反，就会引起孩子的反抗和苦恼。

遵守秩序让这一阶段的孩子获得满足感和安全感。如果父母把握好这个机会，让孩子养成良好的秩序感，将来他会将生活中的物品摆放整齐，做事也有条有理。

孩子在秩序上的敏感表现，其实是孩子认识客观事物，与客观事物互动的外化，孩子通过"我要做""我要这么做""我不"来表达对外在世界的认识以及自己的态度。这种表现有时会让父母觉得孩子脾气很倔，很固执，他们通常采取的应对方式是镇压，这样只会让孩子产生更大的心理冲突，不利于孩子建立规则。

如果父母在孩子的秩序敏感期不注意教育和引导，事后想修复则困难得多。现在一些孩子没有养成良好的生活习惯，不在意生活环境的凌乱，很大程度上就是秩序敏感期教育的错失。

秩序教育不容缺失

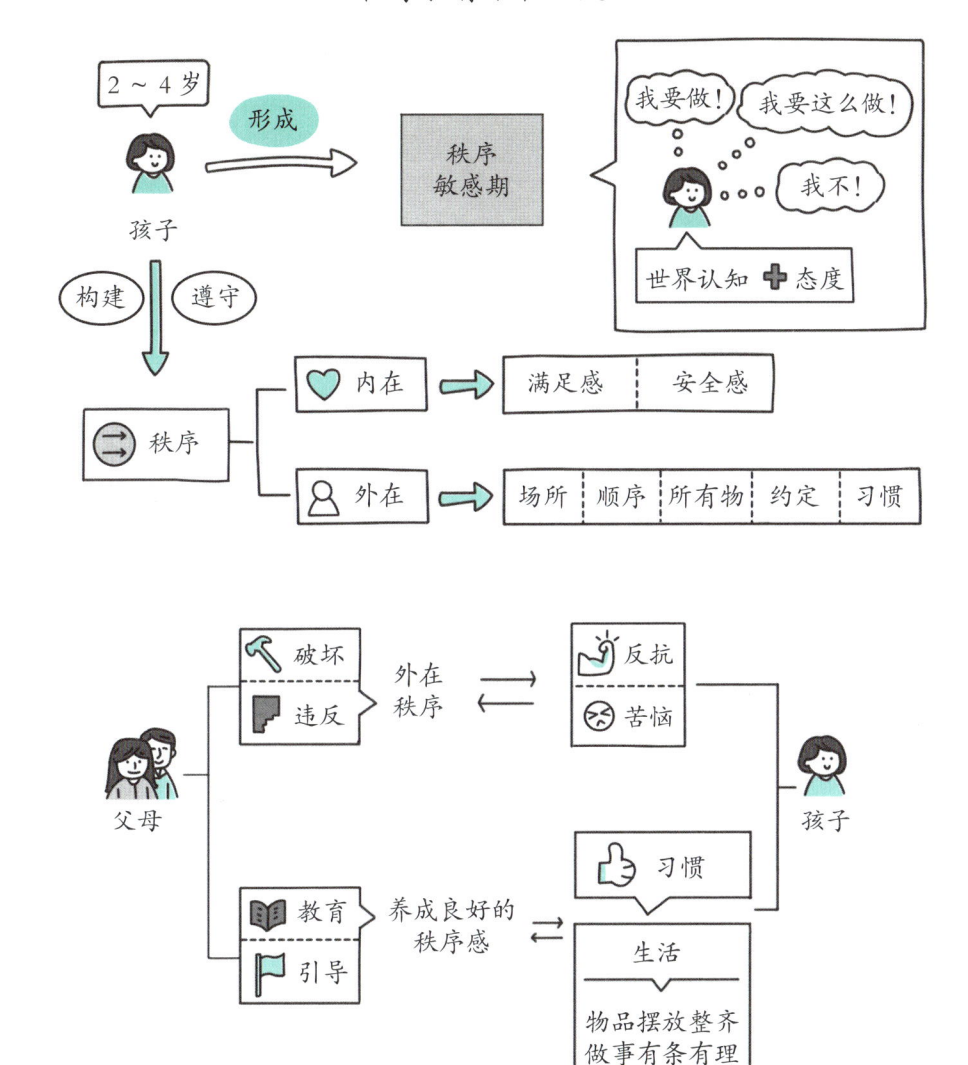

```
2~4岁 → 形成 → 秩序敏感期
孩子
 ↓ 构建 遵守
秩序
 ├─ 内在 → 满足感 / 安全感
 └─ 外在 → 场所 | 顺序 | 所有物 | 约定 | 习惯

想法泡泡：我要做！ 我要这么做！ 我不！
世界认知 + 态度
```

```
父母
 ├─ 破坏/违反 → 外在秩序 ⇄ 反抗/苦恼 ← 孩子
 └─ 教育/引导 → 养成良好的秩序感 ⇄ 习惯
                                  生活（物品摆放整齐，做事有条有理）
```

在游戏中建立孩子的秩序感

捷克教育家夸美纽斯在《大教学论》中指出："秩序就叫做事物的灵魂。"《3~6岁儿童学习与发展指南》也明确指出："幼儿的学习是以直接经验为基础，在游戏和日常中进行的。要珍视游戏和生活的独特价值。"

当孩子处于2～4岁的秩序敏感期，我们可以在游戏中引导孩子感受万物共融的秩序，从而帮助孩子建立良好的秩序感。

在与孩子的游戏互动中，父母要强调规则制订的重要性。父母通过角色扮演、制订游戏公约等易于理解和强化的方式，让孩子自愿遵守游戏中的规则，以保证游戏有序开展，引导孩子在游戏中感受建立秩序带来的趣味性与成就感。同时在游戏的过程中，父母要加强对孩子遵守秩序的激励，及时表扬与肯定。秩序感的建立可以帮助孩子在学习生活中更加自律。

❋ 父母是最好的榜样

有句话说得好："每个优秀的孩子身上都有父母的影子；每个问题孩子的背后，都藏着父母养育的缺失。"孩子今日的种种习惯，其实都是模仿着父母日常的一言一行习得的，孩子的习惯、性格和三观，全部来自家庭潜移默化的影响。

聪明的父母，不会总是对孩子说教，而是活好自己，做好榜样。只有父母做到井井有条，孩子才能养成整整齐齐的习惯，明白遵守规则和秩序的重要性。如果希望孩子能主动收拾房间，做父母的就得以身作则去收拾房间。很多时候，父母有去做，但孩子不参与，这是因为父母和孩子缺乏合力。要想孩子主动参与，父母就要和孩子分工好，配合好，营造一个良好的家庭氛围，如父母整理三分之二，孩子整理三分之一。孩子在父母的熏陶下，慢慢地明白了生活环境干净的重要性，养成爱整洁的习惯。

父母是最好的榜样

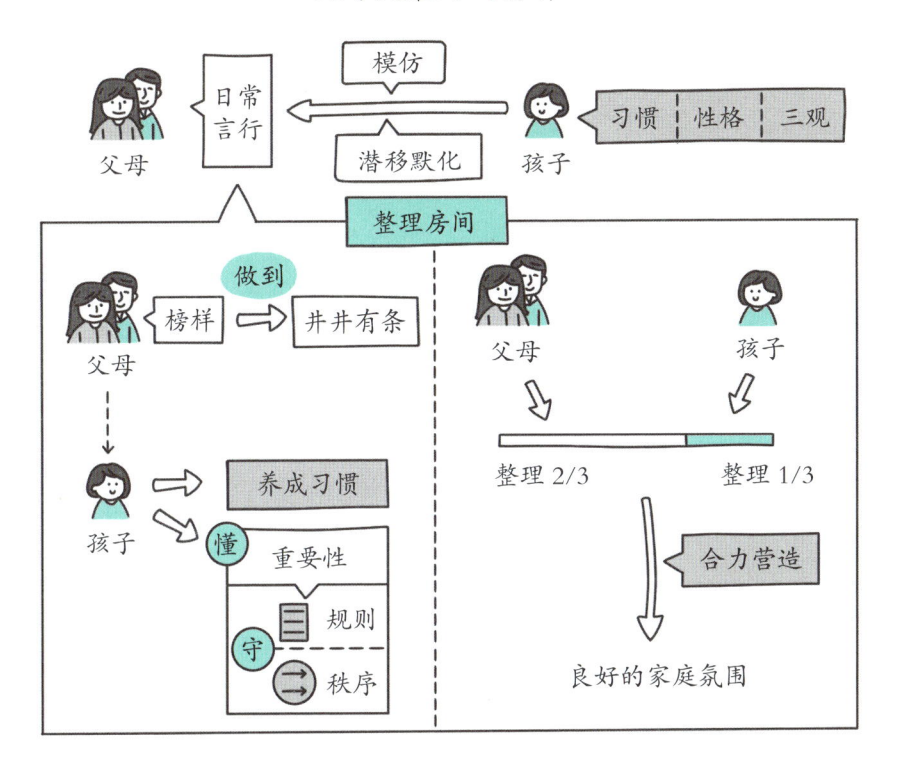

```
父母 ──日常言行── ←模仿── 孩子 ── 习惯 | 性格 | 三观
              ──潜移默化──→

整理房间

父母 ──榜样──做到──→ 井井有条
  ↓
孩子 ──养成习惯──→ 懂 重要性
                    守 规则
                       秩序

父母 ↓       孩子 ↓
整理 2/3    整理 1/3
    ←合力营造
    ↓
良好的家庭氛围
```

✦ 平常心看待

面对孩子凌乱的房间，父母要学会控制情绪，不要大声呵斥，失控大吼，对他上纲上线，这样不仅让孩子产生逆反心理，还会给孩子带来伤害。

孩子正处于发展期，不好的习惯是可以改正的，父母不要把问题看得那么严重，而且孩子的习惯不是一日养成的，要想改变并非易事，父母要接纳孩子，给他一定的时间，和他一起制订计划，确定在什么时间统一收拾房间，帮助他逐步养成习惯。

父母对孩子的要求也不要太苛刻。假如一味地要求孩子将房间按照某种高标准去整理，那么孩子有可能会被这种要求影响，产生逆反心理。父母应该在自己的标准和孩子的标准之间寻找一个让人快乐的平衡点。

平常心看待

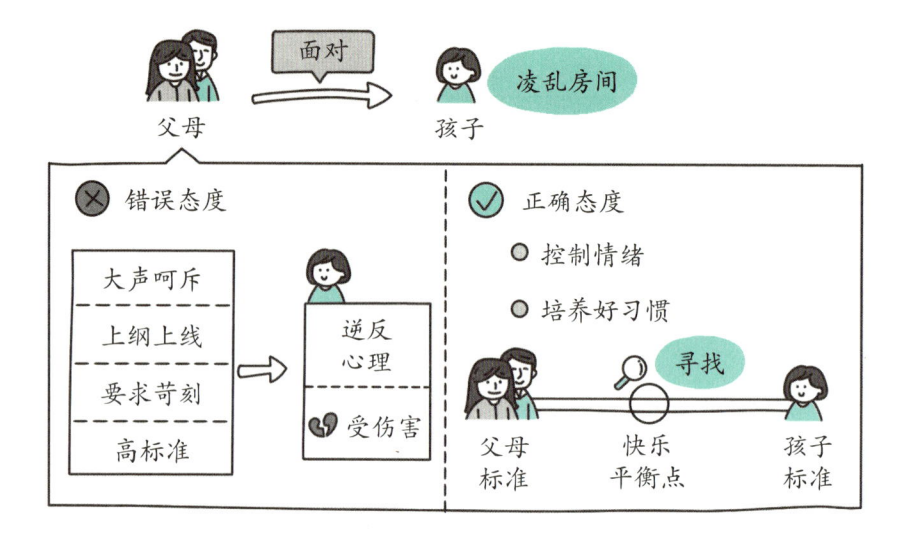

父母 →面对→ 孩子　凌乱房间

✗ 错误态度
- 大声呵斥
- 上纲上线
- 要求苛刻
- 高标准

→ 逆反心理　受伤害

✓ 正确态度
- 控制情绪
- 培养好习惯

父母标准 —— 快乐平衡点（寻找）—— 孩子标准

心理营养：养育心灵富足的孩子

6 如何培养孩子的责任心

哲学家康德曾说:"责任是一切道德价值的源泉。"责任对个体的道德发展起着至关重要的作用。目前家庭教育中的责任心培养并不乐观,孩子缺乏责任心的现象非常普遍,如过分以自我为中心,常向父母提过分要求;不重视学习,对老师布置的任务敷衍了事;经常丢三落四;懒惰,不愿参加集体活动等。

❤ 孩子缺乏责任心的原因

孩子责任心缺失的原因有很多,其中家庭教育失当是一个很重要的原因。自孩子出生之后,家便是他生活时间最长的地方。父母的教育观念、教育方式、自身行为都对孩子起着潜移默化的影响。

虽然父母关注孩子的成长,但一些父母最关心的还是孩子的学业成绩。只要孩子成绩优异,父母就可以代劳日常生活中的一切事务,这样一来造成孩子生活自理能力下降,生活惰性随之产生。正因为父母过度重视孩子的智力教育,才会导致对孩子的品德发展、人格培养、社会责任感等教育有所忽视。有调查显示,父母对孩子进行责任心和自制力方面的教育仅仅10%,远远低于学业教育的56%。这种教育观念是非常不利于培养孩子责任心的。

还有些父母过度呵护孩子。父母过去承受过苦难,不愿再让孩子经历一遍,在强烈补偿心理和惧怕心理的推动下,他们愿意为孩子奉献一切。再苦也不能苦孩子,再穷也不能穷教育,在父母过多的照顾和迁就下,孩子慢慢地学会苛求他人,要求别人无条件满足自己,缺乏责任心。

❀ 儿童阶段是孩子责任心形成和发展的关键时期

瑞士心理学家让·皮亚杰将儿童的道德发展划分为三个阶段，分别是前道德阶段、他律道德阶段和自律道德阶段。

前道德阶段。在前道德阶段，学前孩子极少会关注规则，在亲子关系、同伴关系中均表现出以自我为中心的倾向。孩子并不理解规则的含义，分不清义务和服从。

他律道德阶段。在5～10岁，孩子进入他律道德阶段。这时孩子已经有了遵守规则的意识，且把规则看作是固定的，不可变更的，绝对遵从父母、权威者或年龄较大的人，认为服从权威就是"好孩子"，不听话就是"坏孩子"。在评价自己和他人行为时以权威的态度为依据。

自律道德阶段。到了10岁或11岁，大多数孩子会进入自律道德阶段。孩子已经不把规则看成是一成不变的东西，意识到规则是由人制定的，只要得到大家同意，规则也是可以更改的，具有打破规则的意识。同时能为别人着想，对事对人的判断不再绝对化。孩子的正义感得到发展，价值判断倾向于公正、公平等，不再刻板地按照规定、规则去判断，多了些关心和同情。这种道德观念的内化对孩子的道德判断起着决定性作用。

根据让·皮亚杰的道德发展阶段论得知，儿童阶段是孩子责任心形成和发展的关键时期。在培养孩子的责任心时，父母应该有计划、有步骤地帮助孩子将责任意识内化为一种责任情感，并将其转化为自觉的责任行为。父母可以先从外部规则入手，通过强制性的规定来规范孩子的行为，当孩子经历"服从—同化—内化"的过程之后，外部规则就会慢慢转变为他的思维方式和行为习惯，这时候就形成了责任心。

道德发展阶段论

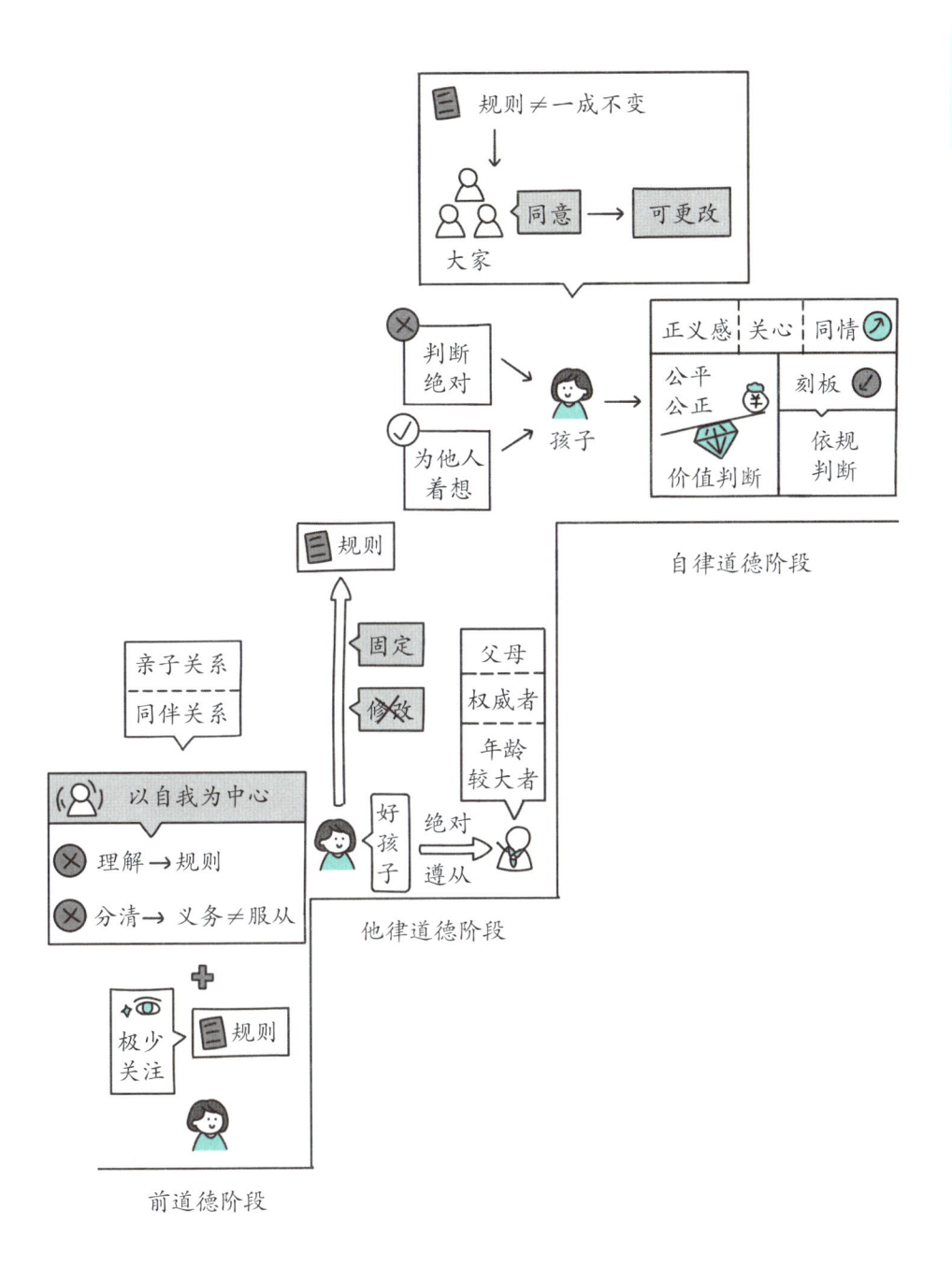

```
                    规则 ≠ 一成不变
                         ↓
                    大家  同意 → 可更改

       ✗ 判断绝对 →              正义感 | 关心 | 同情 ↗
                     孩子  →    公平公正 |   | 刻板 ✓
       ✓ 为他人着想 →           价值判断 |   | 依规判断

                                         自律道德阶段

              规则
               ↑
              固定
              修改          父母
                          权威者
   亲子关系                年龄较大者
   ─────────
   同伴关系                       绝对
                        好孩子  →  遵从
   以自我为中心
   ✗ 理解 → 规则         他律道德阶段
   ✗ 分清 → 义务 ≠ 服从

   极少关注 + 规则

   前道德阶段
```

第 4 章　培养孩子独立、自信的人格

157

❀ 培养孩子责任心的方法

父母要转变教育观念。现实生活告诉我们,智力上不足不一定阻碍人的一生,而道德、人格上的缺陷却可能贻误人一辈子。父母应该意识到教育的核心其实是学会做人,要把孩子的品德培养放在重要位置。在培养责任心方面,父母要尽量给孩子一些锻炼的机会,让孩子在自我服务中增强责任心。父母要根据孩子的年龄,让孩子适当参与家庭生活,做力所能及的事情。父母也可以委托孩子办一些事情,让孩子意识到完成别人交给的任务是一种责任。一些看似细微的任务,不仅能培养孩子良好的习惯,还能促进他对自我价值的认同。

父母要以身作则。父母是孩子接触、观察、模仿最多的对象,有责任感的父母,才能培养出有责任感的孩子。作为父母,要言行一致,敢于承担责任。如果父母做了错事,要勇于当着孩子的面,承认自己的错误并道歉,让孩子看到父母的诚实和负责任的态度尤为重要。在家庭教育中,不重身教而单纯说教是最苍白无力的,正如古人所说:"其身正,不令而行;其身不正,虽令不从。"

父母要定下规则并及时反馈。只有为孩子制订清晰的规则,才能让孩子拥有责任感。父母对孩子的要求一经提出,就要督促孩子认真做到,否则起不到教育效果。当孩子主动遵守某项规则时,父母要积极肯定,孩子通过父母的正向反馈,也会更有动机和意愿遵守更多的规则。当孩子违反规则时,父母应该让孩子接受惩罚,为自己的过失负责任。

当然,责任心的培养不是一蹴而就的,而是日积月累、长期教育督促的结果。身为父母的我们应该从孩子的学习和生活方面抓起,在一言一行中培养孩子的责任心。

培养孩子责任心的方法

1. 父母要转变教育观念

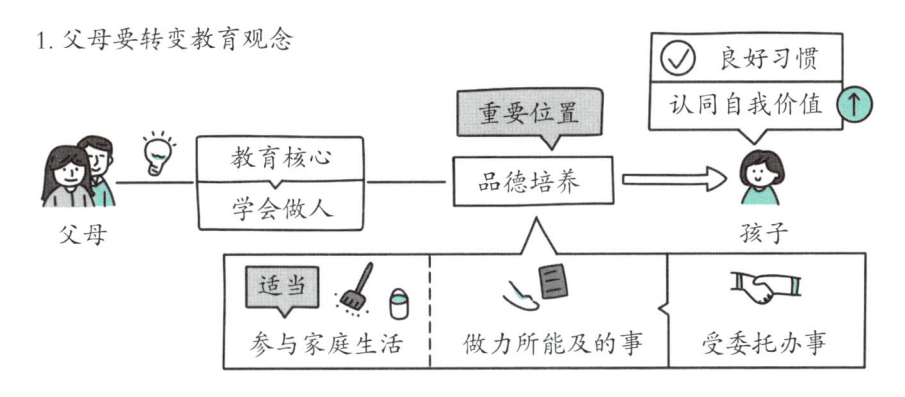

父母 → 教育核心/学会做人 → 品德培养（重要位置）→ 孩子（良好习惯、认同自我价值）

品德培养：
- 适当参与家庭生活
- 做力所能及的事
- 受委托办事

2. 父母要以身作则

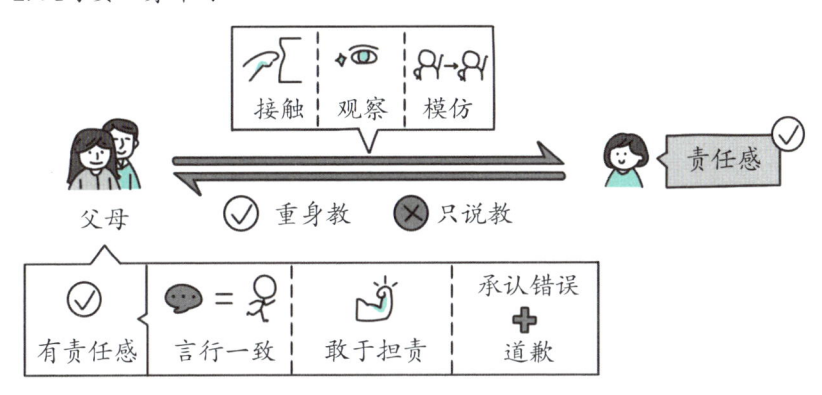

父母 → 接触、观察、模仿 → 孩子（责任感）

- ✓ 重身教
- ✗ 只说教

父母：
- 有责任感
- 言行一致
- 敢于担责
- 承认错误 + 道歉

3. 父母要定下规则并及时反馈

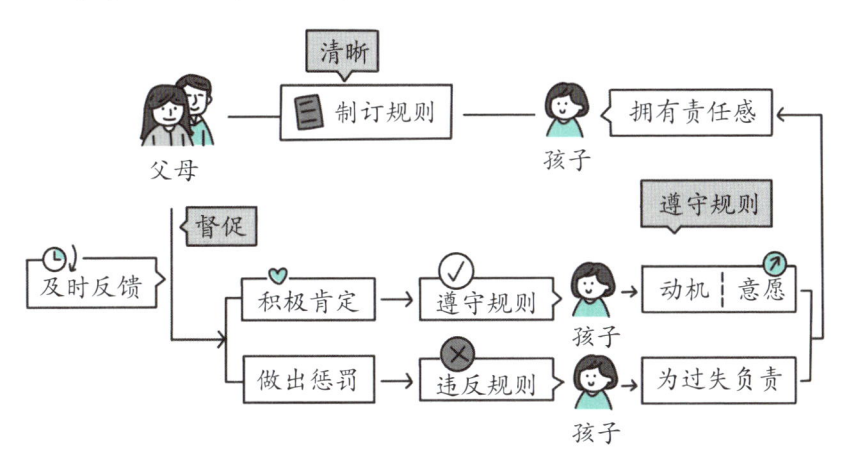

父母 → 制订规则（清晰）→ 孩子（拥有责任感）

及时反馈 / 督促：
- 积极肯定 → 遵守规则 → 孩子（动机｜意愿）→ 遵守规则
- 做出惩罚 → 违反规则 → 孩子 → 为过失负责

第 4 章　培养孩子独立、自信的人格

7 唤醒孩子学习的内驱力

学习动机作为直接驱动孩子学习的心理因素，是激励孩子学习的内部动力。孩子是否想学习，为什么学习，喜欢学习什么，以及学习的努力程度、积极性等，都属于学习动机的范围。作为父母，我们要想激发孩子的学习动机，需要先了解学习动机的分类，之后根据不同类别进行专项引导。

❋ 学习动机三分法

在现有的动机理论中，自我决定论因涵盖动机类型多且全，理论框架完整而受到研究者的推崇。通过此理论，我们可以动态观察各种动机类型，进而有效评估孩子的学习动机。

该理论认为，动机是根据我们对自我决定程度划分的，自我决定是一种关于经验选择的潜能，是在我们充分认识自己的需要和对环境了解的基础上，自由地选择行动。依据自我决定水平的高低，动机可分为内部动机、外部动机和无动机三种类型。

如果孩子勇于探索，乐于挑战，善于突破，这表明他的自我决定水平高，内部动机强。这类孩子有强烈的好奇心和求知欲，他会主动学习，积极探索，知识对于他来说，是认识世界和超越自我的最有效方式。

如果孩子对学习无所谓，不知道为什么要学习，找不到学习的乐趣，也没有提高成绩的渴望，甚至觉得学习是浪费时间，这说明他的自我决定水平很低，甚至可以说没有，这是无动机的写照。

还有一种是外部动机。孩子并不是对学习感兴趣，而是为了获得某种结果，如获得高分、获得他人的赞美、避免被惩罚、找到好工作、展现自

学习动机三分法

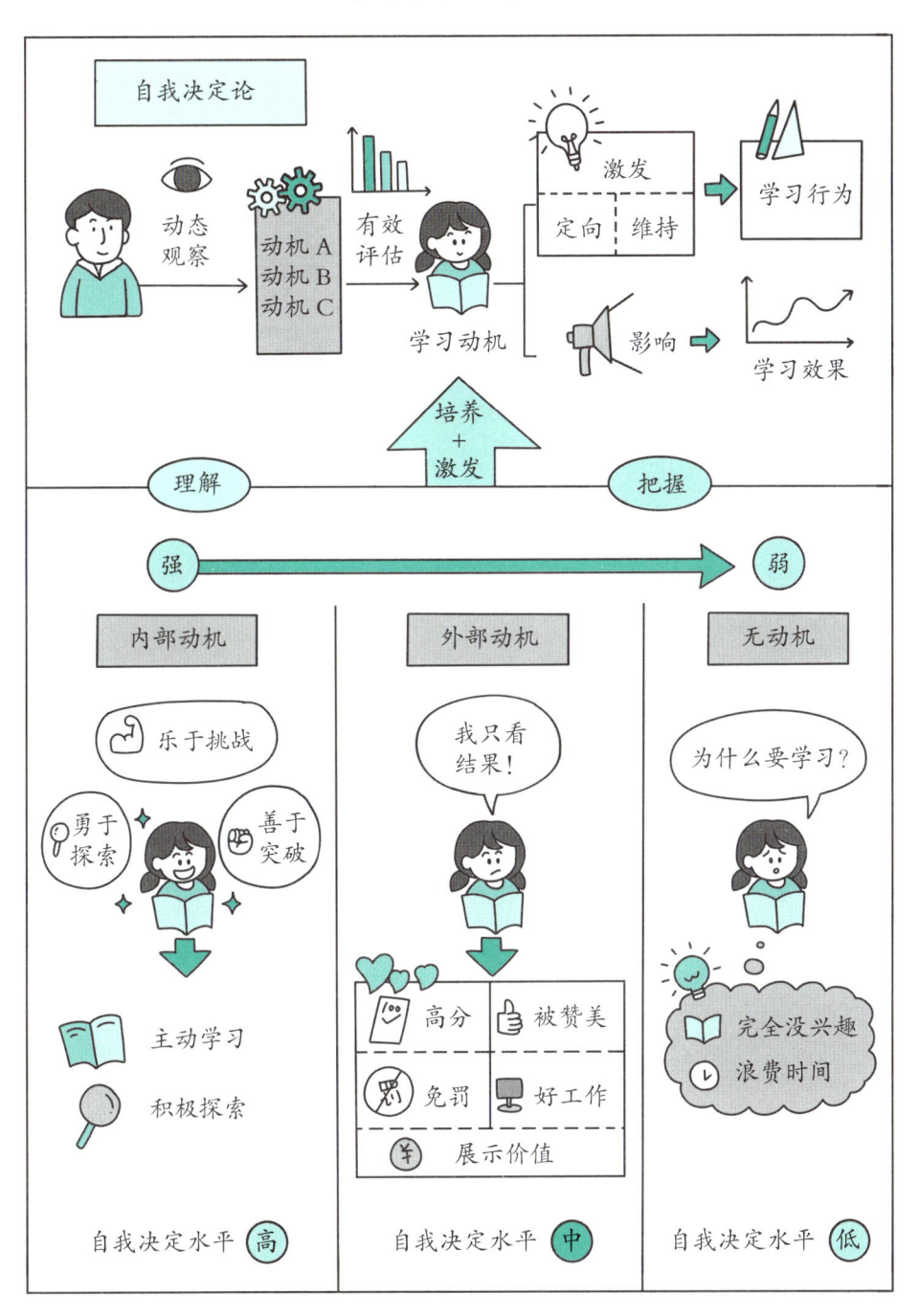

自我决定论

动态观察 → 动机A 动机B 动机C → 有效评估 → 学习动机

激发 / 定向 / 维持 → 学习行为

影响 → 学习效果

培养 + 激发

理解 —— 把握

强 ——————→ 弱

内部动机
- 乐于挑战
- 勇于探索
- 善于突破
- 主动学习
- 积极探索

自我决定水平 **高**

外部动机
我只看结果！
- 高分
- 被赞美
- 免罚
- 好工作
- 展示价值

自我决定水平 **中**

无动机
为什么要学习？
- 完全没兴趣
- 浪费时间

自我决定水平 **低**

第 4 章 培养孩子独立、自信的人格

己的价值等。此时自我决定水平处于内部动机和无动机的中间范围。

我们只有充分理解并把握这三种动机，才能更好地培养和激发孩子的学习动机。学习动机不仅对学习行为起着激发、定向、维持的作用，还关系到学习效果。一般来说，孩子的学习动机和学习效果是统一的，那么怎样才能激发孩子的学习动机呢？

❀ 好奇心的驱动

从以上学习动机的分类可看出，内部动机自我决定水平更高，影响力会更持久。当我们充分调动孩子的内部动机，并用外部动机辅助时，孩子的学习劲头可能会更足，学习的积极性也会更高。

其实每个孩子天生都有好奇心和求知欲，只不过有一些父母在不知情的情况下，扼杀了它们。当男孩表示喜欢跳舞时，作为父母的你是惊喜还是惊吓？是支持孩子的喜好并给他安排培训老师，还是训斥男孩学这个没出息？当女孩经常捯饬家里的电器时，你是立马制止还是表示接受？有时候父母不经意的一句话，一个举动，也会扼杀孩子的好奇心和求知欲。如果父母已经意识到这些，那么现在弥补还不算晚。

提升内部动机的关键在于让孩子爱上知识，认识到知识的价值。在日常的生活中，我们可以让孩子感受到知识带来的便利，如学习园艺师的种植技巧，能够让一盆濒死的绿植复活；通过阅读说明书，可以很好地操作照相机；使用牙膏，可以让沾满油渍的T恤洁白如新……当孩子切身感受到知识的力量时，他就能从知识中找到快乐，从而也会增强对知识的渴望。

当生活中缺乏操作的情境或条件时，激发孩子的好奇心或求知欲也是不错的选择。我们要多引导孩子，激发孩子的想象力和思考力。如看到小鸡，让孩子思考小鸡是怎么孵出来的……孩子的好奇心被调动之后，就会想尽方法去探寻答案，从而使学习变成一件有趣的事情。孩子有了兴趣之后，会一心一意地沉浸到知识中，甚至会达到废寝忘食的地步。

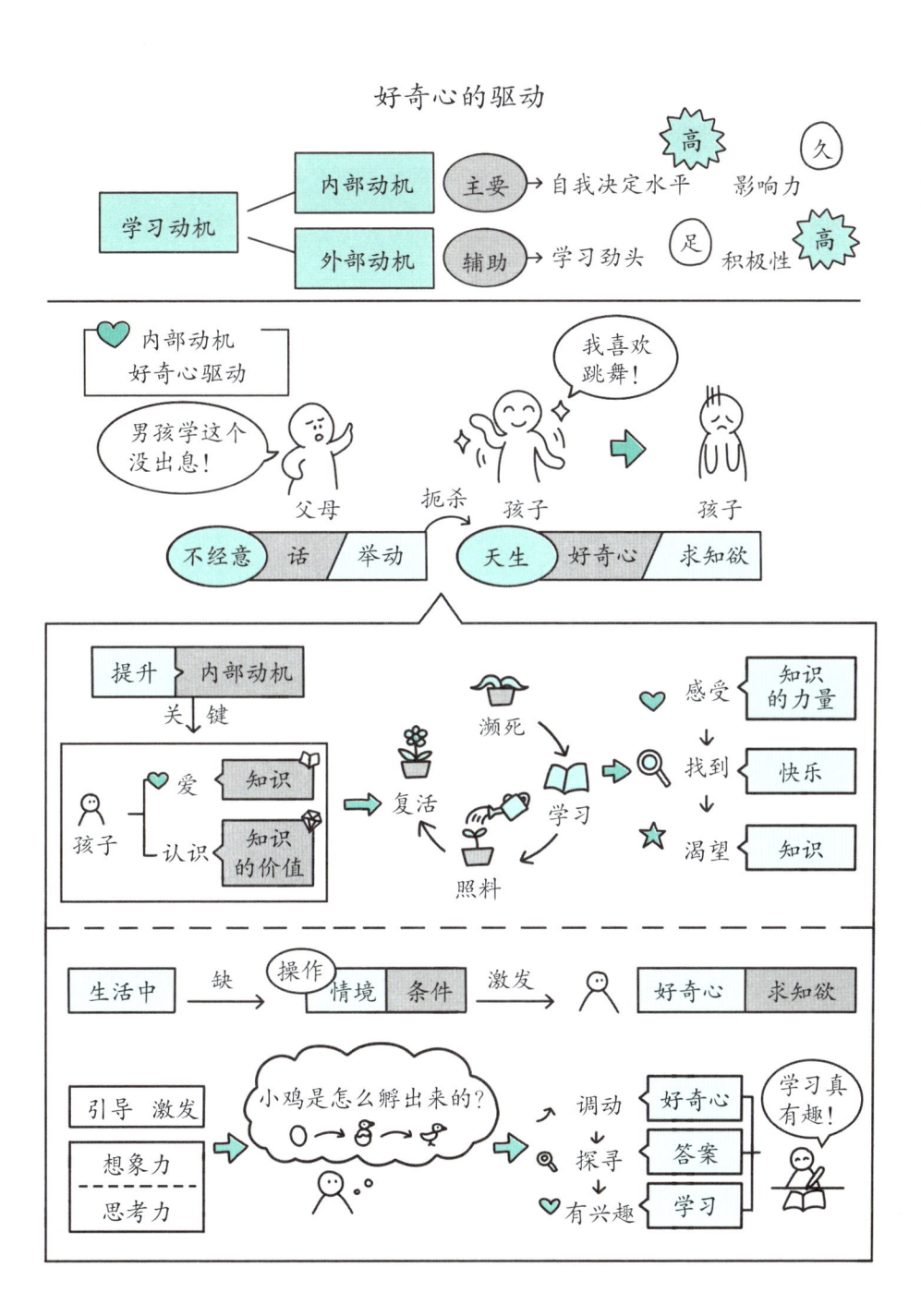

好奇心的驱动

- 学习动机
  - 内部动机 — 主要 → 自我决定水平 高　影响力 久
  - 外部动机 — 辅助 → 学习劲头 足　积极性 高

内部动机 好奇心驱动

"男孩学这个没出息！" — 父母（不经意 话/举动）— 扼杀 → 孩子（天生 好奇心/求知欲）

"我喜欢跳舞！" → 孩子

提升 内部动机
关键：
孩子 — 爱 → 知识
　　 — 认识 → 知识的价值
→ 复活（濒死 → 照料 → 学习）
感受 → 知识的力量
找到 → 快乐
渴望 → 知识

生活中 — 缺 → 操作 情境/条件 — 激发 → 好奇心 求知欲

引导 激发
想象力
思考力
→ "小鸡是怎么孵出来的？"
→ 调动 好奇心
→ 探寻 答案
→ 有兴趣 学习
→ "学习真有趣！"

第 4 章　培养孩子独立、自信的人格

❋ 榜样的力量

父母要做孩子的榜样，用榜样的力量对孩子进行教育，对培养孩子的学习动机具有不可忽视的诱发力，能起到潜移默化的作用。如果我们在家里经常不看书，一直玩手机，那要求孩子好好学习就显得没有说服力，所以我们在家里也要勤于阅读，乐于学习，并对学习抱有持久的热情，这样孩子就会在我们带动下，在良好的学习氛围中增强学习的主动性。

如何进行外部动机的辅助呢？当孩子表现出学习的兴趣与热情时，我们要对他进行肯定和赞美；当孩子突破了某个难题时，我们可以适当奖励他。孩子获得了外部的支持与认可，也会更有热情去探索、求知。

学习动机的培养不是一蹴而就的，而是一个循序渐进的过程。我们既然意识到激发孩子学习动机的重要性，就要持续地为孩子营造好的学习氛围，调动孩子的学习热情，这往往要持续几个月，甚至几年，因为每个孩子的个性特征不同，我们要区别看待。

榜样的力量

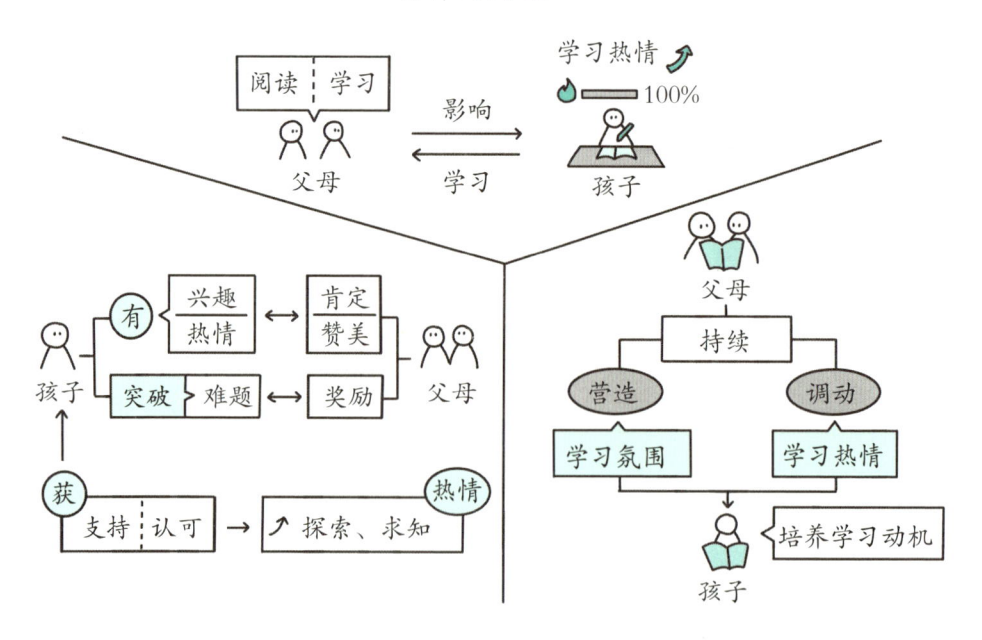

8 正确看待孩子成绩起伏

相信每位父母都希望自己的孩子成绩拔尖，但并不是每个孩子都能一直保持成绩优异，有些孩子的成绩忽高忽低，特别不稳定，让父母十分揪心。父母在教育孩子的过程中，心态要平和，针对问题有的放矢。

不要过分指责，保护好孩子的自信心

成绩出现下滑后，孩子容易产生两个归因：一个是过度的内归因，把原因都归到自己身上，出现自我否定，认为自己能力不足，或多或少对学习失去信心；另一个是过度的外归因，如考题很难，运气太差，出的题都不会。

这个时候，父母要关注孩子心理上的变化，及时和孩子沟通，让孩子在没有任何压力的情况下把心里话讲出来，从中发现问题，调整孩子不良的归因模式。指导孩子要正确看待自己，充分看到自己的实力，不要求每次考试成绩都能十分理想，也不要因一两次考试成绩不好而否定自己，更不要总拿自己的成绩跟班上成绩拔尖的同学比。这样才能让孩子重新找回自己，找回自信。

如果孩子因为成绩退步已表现出厌学情绪，父母切记不可急躁，可做好充分准备后与孩子深谈一次，动之以情，晓之以理。父母要尊重孩子的意愿，多鼓励和肯定孩子，还要允许孩子在面对压力时适当地宣泄情绪。

父母千万不要对孩子进行说教或打骂，把孩子的成绩波动归因为孩子的不用心、不努力、没毅力等。这样做看似是为了激发孩子的动力，实则是对孩子的伤害。

父母的言行举止会对孩子产生潜移默化的影响，正面的影响孩子受益，负面的影响孩子问题就比较多，所以父母一定要克制自己，不要过分指责，多用期待的眼神、赞许的笑容、激励的语言来呵护孩子，使孩子更加自尊、自爱、自信、自强。

不要过分指责，保护好孩子的自信心

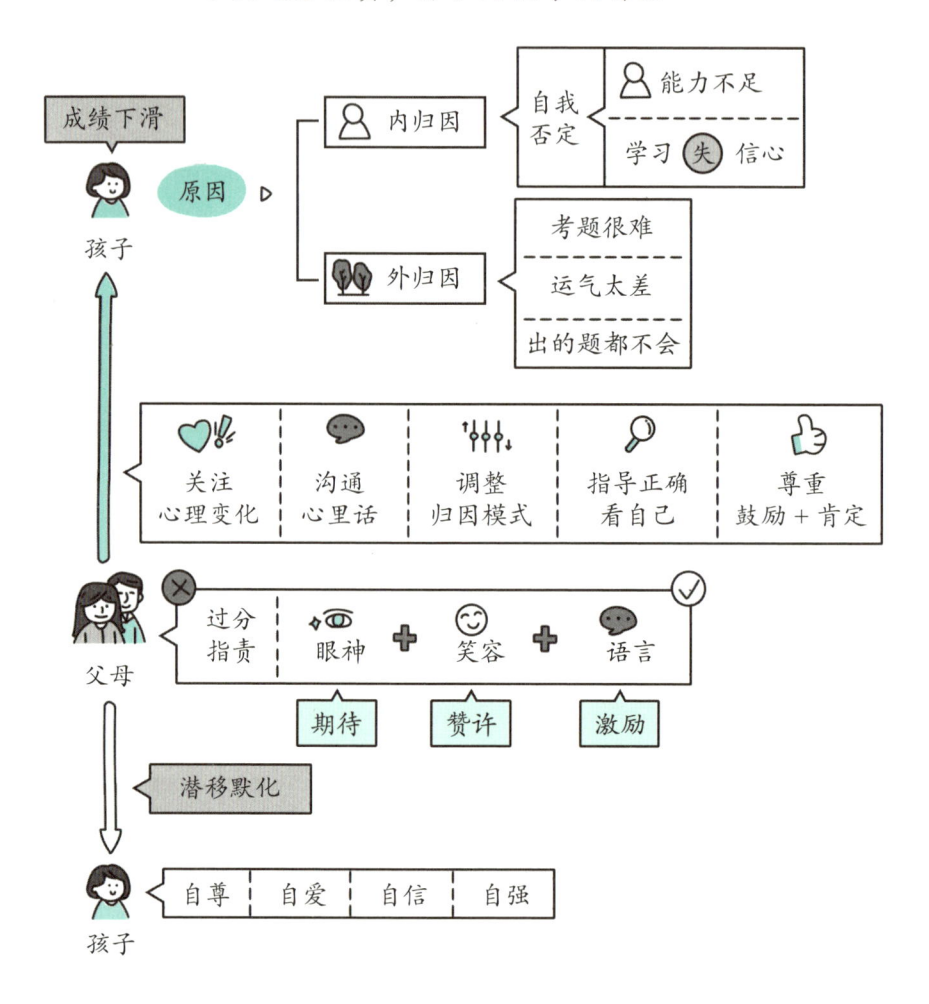

✦ 接受波动，分析原因

虽然父母希望孩子好好学习，天天向上，但是不可能每个孩子的成绩都稳定在前几名，也不可能每个孩子的成绩都不断提升，父母应该允许孩子的成绩出现波动。

父母可以引导孩子多角度分析问题。孩子的成绩下滑并不一定是因为基础不好或者不努力造成的，父母应该全面分析一下原因，然后针对具体情况给出建设性的意见。

有的孩子是心理压力大造成的。每个孩子都希望自己能考出好成绩，如果孩子对自己期望过高，或者外界的压力过大，那么孩子在考试中背负着沉重的心理包袱，就很容易发挥失常。

也有的孩子是粗心大意造成的。有的孩子会因某次考试考得稍好一些而沾沾自喜，觉得这次考得好，下次也不会差到哪里去，在接下来的备考中心存侥幸，结果在考试时粗心大意，没有细心地审题，或者计算出错，导致会的题目却做错了。

试题本身的特点也是直接决定考试成绩的因素。很多孩子认为，只要把每一个知识点都熟记，把每种题型的解法都练得熟练，那么考出来的成绩肯定不错，但是现实往往不是这样。考试涉及的知识点很多，而每个孩子都有自己不擅长的知识点，如果在考试中正好考查的是孩子的薄弱环节，那么他有可能考不好。试题难度大，超过了孩子掌握的范围，也可能造成低分。

其实，很多问题只有在成绩不稳定的时候才能显现出来。当孩子的成绩出现波动时，父母不要消极对待，应该多和孩子总结考试中暴露的问题。具体问题，具体分析，从而提升孩子的学习积极性，减少成绩上的波动。

接受波动，分析原因

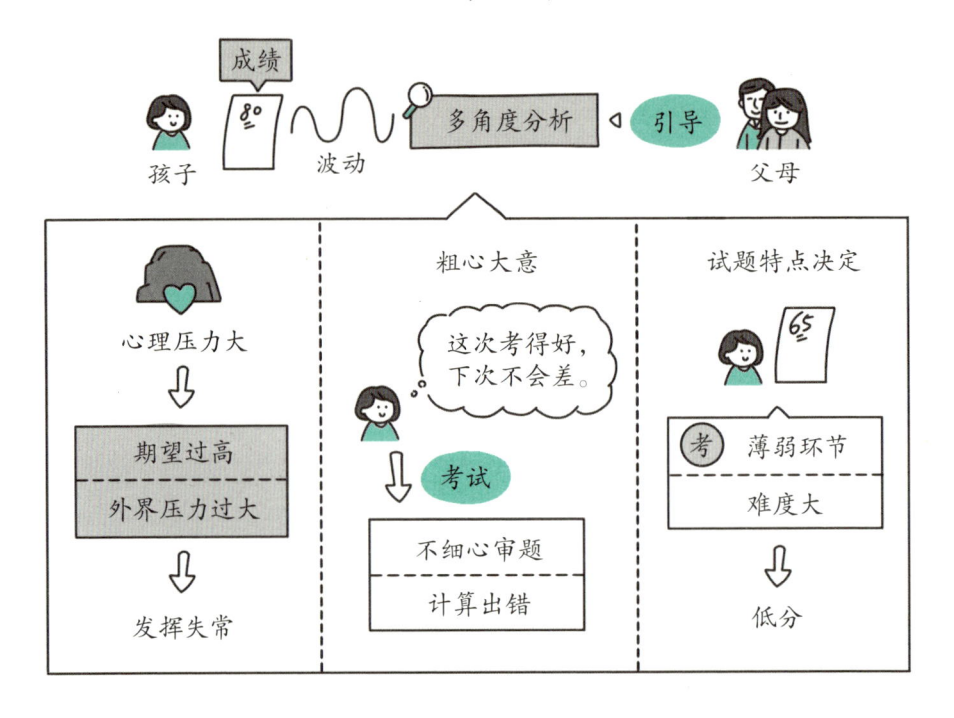

```
孩子 [成绩 80] 波动 → 多角度分析 ← 引导 父母
```

心理压力大	粗心大意	试题特点决定
↓	"这次考得好，下次不会差。"	薄弱环节
期望过高 / 外界压力过大	考试 ↓	难度大
↓	不细心审题 / 计算出错	↓
发挥失常		低分

❋ 做好辅导，缓解压力

不切实际的高目标只会使孩子产生挫败感，父母要帮助孩子制订切实可行的目标计划。想让孩子考100分，孩子得先考到80分。父母对孩子的期望，要一步一步来实现。多为孩子创造机会，让他体验成功的乐趣，每一个小目标的达成，都会让孩子更有信心。

在考试临近时期，父母不仅要及时地给予辅导，还要帮助孩子缓解心理压力。心理研究发现，保持适度的心理压力有利于复习、备考，但压力过大，会造成紧张、急躁的心情；没有压力，也不利于学习效率的提高。如果孩子因压力大导致出现强迫性思维、自我否定等心理问题，父母又没有能力解决，这个时候就要寻求心理咨询师进行咨询辅导。

9 孩子为什么不爱学习

在家庭教育中，父母尤其关心的是如何让孩子学习好，喜欢研究如何让孩子爱上学习。可是现在常见的现象是，孩子越长大，越不喜欢学习；父母越努力培养孩子，孩子越不爱学习。父母和孩子关于学习的博弈，仿佛陷入了恶性循环。

❋ 孩子不爱学习的原因

孩子对学习的认识存在偏差。在谈到学习的意义和对学习的看法时，有孩子认为，学习是为了父母，也有一些孩子认为，学习是为了将来找个好工作。这些孩子一开始就把学习过程当成痛苦的生命历程，只有忍受学习带来的万般煎熬，才能有朝一日凤凰涅槃，过上理想中的生活，进而与学习永别。正是本着这种态度，孩子机械地学习，被动地追求高分数，根本体会不到学习的乐趣。

孩子对学习的认识存在偏差

孩子的基础知识储备不够。学习是一个循序渐进的过程，需要不断提高和突破。对于基础知识薄弱的孩子来说，他们的学习任务难度远远超过了当前的能力和知识储备，老师讲的知识点他们听不懂，课本上的实例也看不懂，布置的作业不会写，考试题也做不出来，而且基础弱在短时间内解决不了，对于这些孩子来说，学习怎能不痛苦？对于基础知识扎实的孩子来说，他们需要不断更新自己的知识储备，思考解决新的难题，还需要保持这种学习状态，否则就有可能被人赶超，可长期保持好的状态和名次，又何尝容易？

孩子的基础知识储备不够

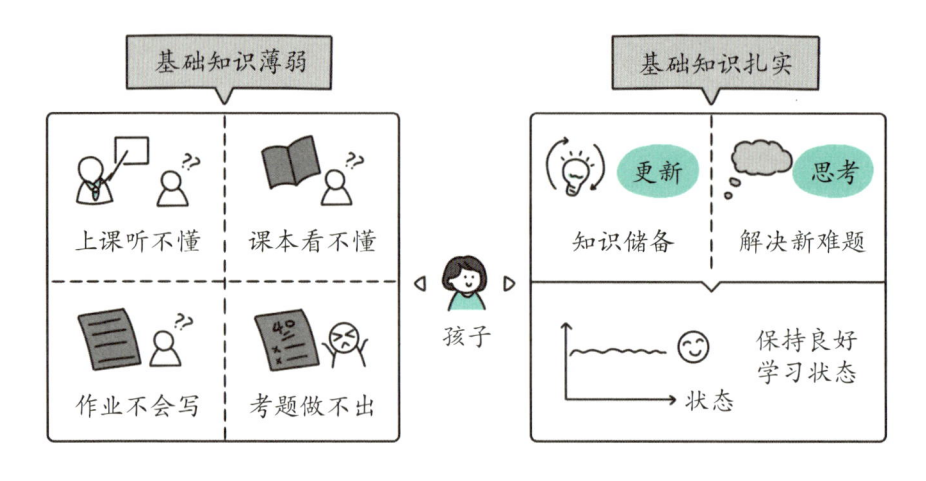

父母的高期待给孩子造成压力。若孩子没考到理想的成绩，不符合父母的期待，有些父母会打击孩子，有些修养好的父母也难以掩饰失望和伤心。有些孩子会觉得对不起父母，因内疚而加倍努力。有些孩子会给自己定下目标，考取年级的多少名。若经过高强度的题海战术后，仍没有达到目标，他们会自责，会郁闷。倘若再遇到以前不如自己的同学考得比自己好，这种精神上的折磨和打击会让他们更加痛苦。当孩子努力达成父母的期待时，有些父母又会产生"你可以飞得更高"的念头，这种不间断的拔高会让孩子不堪重负，逐步丧失对学习的热情，甚至心理崩溃，对父母产生敌对情绪。

父母的高期待给孩子造成压力

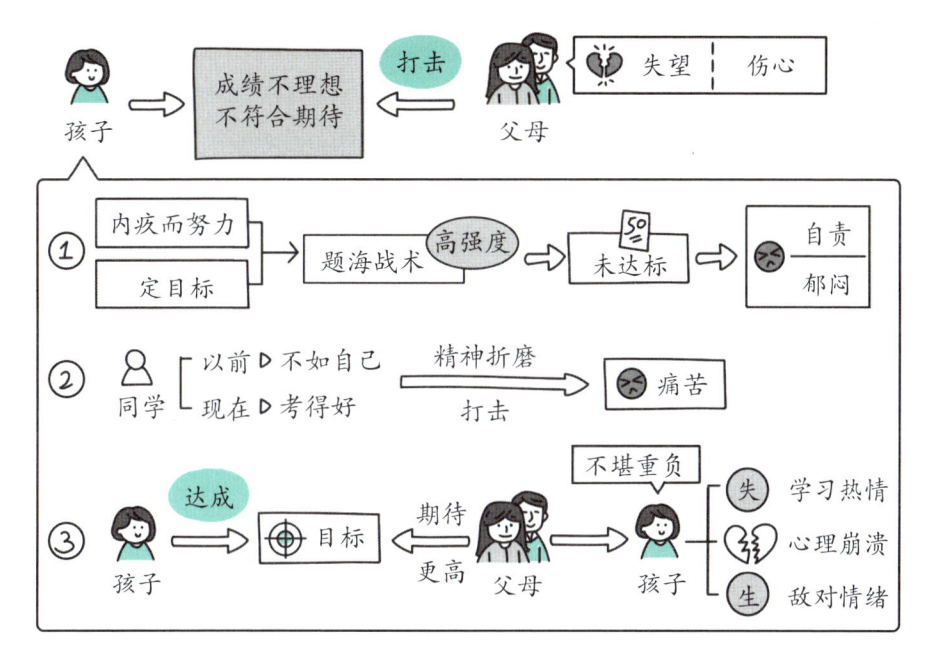

```
孩子 → 成绩不理想不符合期待 ← 打击 ← 父母 → 失望 | 伤心

① 内疚而努力 / 定目标 → 题海战术 高强度 → 未达标 → 自责/郁闷

② 同学 [ 以前▷不如自己 / 现在▷考得好 ] → 精神折磨 打击 → 痛苦

③ 孩子 → 达成 → 目标 ← 期待更高 ← 父母 → 孩子 不堪重负 → 失学习热情/心理崩溃/生敌对情绪
```

如何让孩子爱上学习

满足孩子好奇心和求知欲。让孩子爱上学习最有效的方法，就是要让孩子把获得新知识当成一种需要，满足其好奇心和求知欲。孩子具有好奇、好问、好动的特点，父母应充分利用其特点来激发孩子的学习兴趣。父母要有意识地引导孩子观察身边的人和事，启发孩子思考生活中的各种现象，如为什么会有电，天空为什么会下雨等，孩子在思考的过程中就会产生强烈的求知欲。同时父母也要鼓励孩子提出问题，让孩子带着解决问题的心态去学习，产生追求知识的动力。

培养孩子好的学习习惯。学习是一个过程，在这个过程当中需要很多的好习惯来支撑，好的学习习惯是取得好成绩的重要的保证。父母不要只盯着孩子的学习成绩，要多关注孩子的学习习惯，如课后独立完成作业；认真预习和复习；写字坐姿要正确等。

要意识到学习有多种形式。孩子参与的各种活动都可以看成是一种学习，而不仅限于学校课本。父母平时要细心观察孩子，了解孩子的兴趣，然后有针对性地采取措施。如孩子喜欢看小说，父母可以给孩子准备文学名著；孩子对历史感兴趣，可以多带孩子去博物馆看展览。

不要打击孩子。不要因为成绩差而逼迫、指责孩子。打击了孩子的自信心，可能会得不偿失。父母要根据孩子的实际情况，给孩子制订容易达到的学习目标，对孩子的每一次进步都予以肯定，对出现的问题不急躁，和任课老师多沟通，共同寻找解决办法。

如何让孩子爱上学习

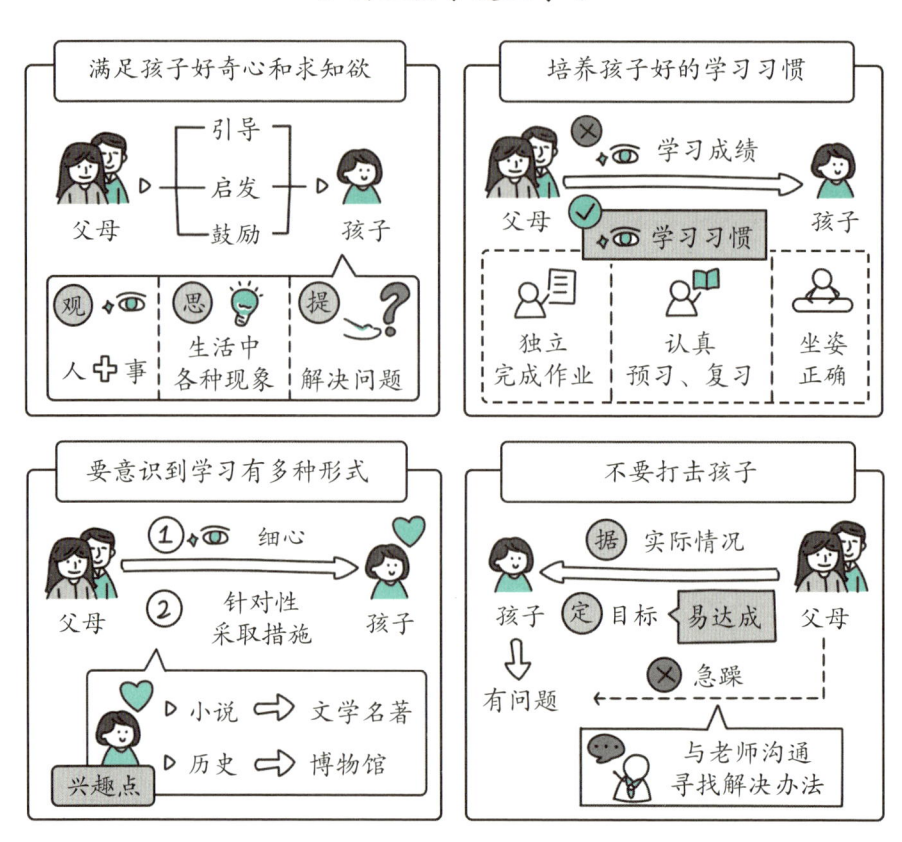

第 5 章

增强孩子与别人连接的能力

交往的本质是建立连接，这种与人连接的作用，可以帮助孩子保持愉快的心情，缓解紧张和孤独的情绪，从别人的肯定、认可中增强自信心，培养积极的人格。孩子的人际交往离不开父母的帮助与引导，当父母以身作则，给孩子进行示范，并鼓励孩子与人交流时，孩子与别人连接的能力将会得到很大的提升，他们以后的学习与生活都将受益匪浅。

1 帮助孩子与世界连接

心理学家丁瓒教授说:"人类的心理适应,最主要的是人际关系的适应,所以人类的心理病态,主要是由于人际关系的失调而来。"人作为一个社会成员,有强烈的合群需要,通过交际,诉说个人的喜怒哀乐,会引起彼此间的情感共鸣,从而在心理上产生一种归属感和安全感。

❀ 建立好的连接意义重大

交往的本质是建立连接。早期良好的母婴关系,使孩子在成长过程中可以跟随自己的真实需要去发展兴趣,学习知识和技能,建立有意义的人际关系,进而实现人生的价值和生命的意义。这一类孩子积极向上,自信自强,很受大家喜欢。

相反,早期无法得到父母的积极关注和正向回应的孩子,容易形成怯懦、退缩、回避、孤僻等性格。成年之后,他很难处理好人际关系,因为他拥有极强的自我意识,所以很难主动与他人建立连接,也难以允许他人进入自己的世界,比较极端的就是孤独症和抑郁症。

❀ 出现连接问题,起因很复杂

孩子的交往对象相对单纯,主要是老师、同学和家人,但他们产生人际交往问题的原因相当复杂。有来自孩子个性心理、认知因素、情绪因素方面的影响,也有来自家庭和学校教育不当的影响等。

孩子个性心理结构发展不完整。 心理学家认为,孩子在童年时期易出现个性心理结构发展不完整的问题,这种问题的表现是多方面的,它可以表现在性格上或人际关系中。在性格上，孩子易怯懦、退缩、自卑、自私或傲慢等，而在人际关系中，孩子易从众、委曲求全。

孩子个性心理结构发展不完整

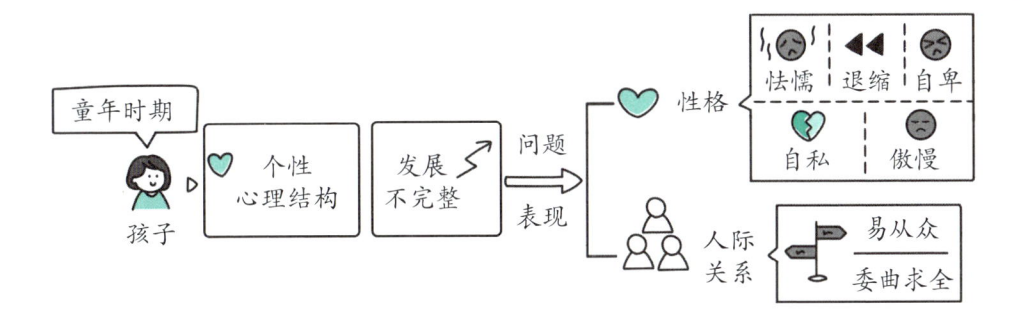

父母重视成绩而忽略人际关系。部分父母一味追求孩子文化课的成绩，不注重孩子人际关系能力的培养，不太关注孩子交了多少朋友，更不会关心孩子的内心感受。孩子受委屈时，父母往往以学业为重而忽视不管。

父母重视成绩而忽略人际关系

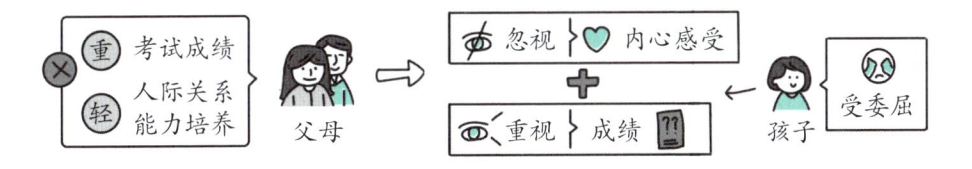

父母养育方式极端或父母关系不和。有的父母养育方式极端，如过度控制、过度否定、溺爱，或者父母关系不和等都会导致孩子的性格出现偏差，表现出自卑、敏感、偏执等特点，使孩子在建立和维系关系方面显得力不从心。

父母养育方式极端或父母关系不合

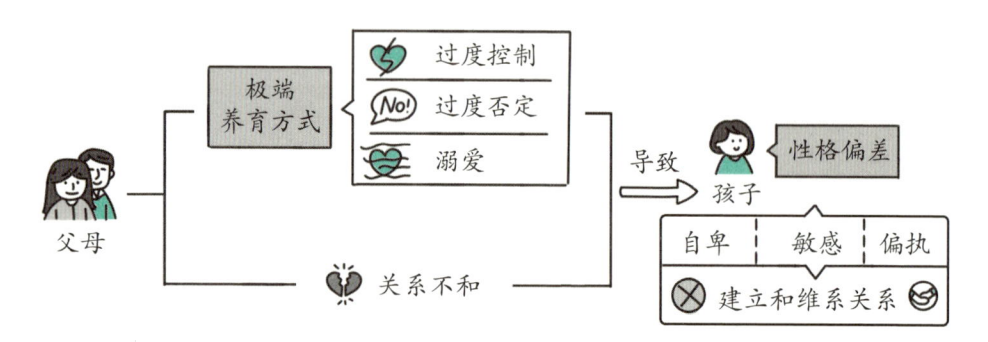

如何提升孩子的连接能力

帮助孩子社交。人际沟通是一种体验，也是一种能力。父母应该多带孩子接触外界，给他们提供更多的与人交往的机会，不断鼓励孩子和他人交朋友，带领孩子去熟人家做客，也可请小伙伴到自己家做客。同时在日常生活中注意培养一些社交礼仪，帮助孩子更快融入群体中。当然，孩子的社交并非只有彬彬有礼，没有冲突。面对孩子之间的冲突，父母要静心观察，不要过分干涉。不要太急于带孩子离开或再次把孩子推回到群体中，要给孩子缓冲的时间，引导孩子解决眼前的问题。

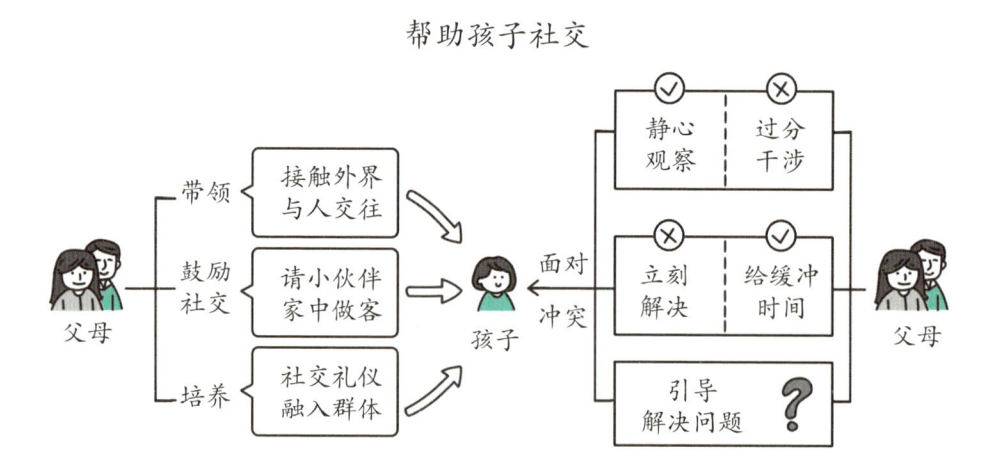

帮助孩子社交

接受孩子的性格。每个孩子都是独一无二的，不同的孩子有不同的性格，有些乐观开朗，有些拘谨内向，每种性格都有各自的优势和劣势，无须厚此薄彼，强制孩子转变，只要孩子拥有良好的人际关系，和伙伴在一起时开心快乐，这已足够。

接受孩子的性格

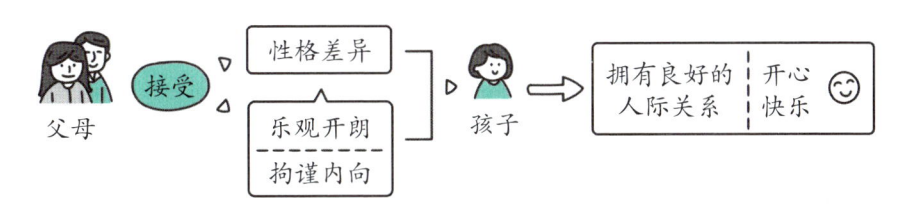

给予尊重并做出榜样。首先，父母应该学会尊重孩子合理的决定，尊重孩子的人格，让孩子在人际交往中感觉自己有独立处理问题的能力；其次，父母要尊重孩子的朋友，这样会让孩子觉得自己被父母尊重，在朋友面前也更有自信。当然，父母也要扩大自己的朋友圈，平时多和朋友团聚、交流。孩子在父母与朋友交往的融洽氛围中，也会自然模仿父母的方式去结交朋友。

给予尊重并做出榜样

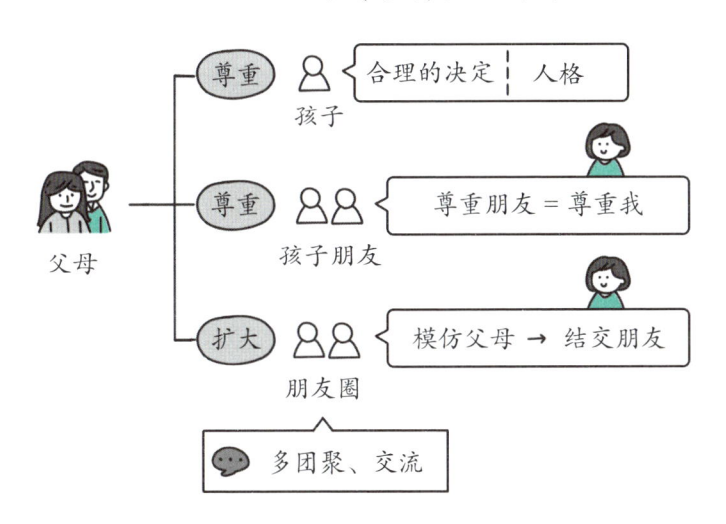

2 孩子喜欢宅在家里怎么办

时不时听到一些父母向我抱怨:"孩子在假期总是宅在家中,不和同学、同龄的孩子接触,也不喜欢和家人沟通。"孩子为什么总宅在家里?作为父母的我们应该怎么做?现在我们一起来探讨一下。

❋ 缺少父母陪伴

有些父母平时工作很忙,回到家也是对着电脑工作,即便偶尔有一点时间,也要忙着做家务,很少有时间陪孩子玩。对于孩子来说,他更希望父母能带他出去玩。面对孩子的央求和哭闹,父母一般会让孩子看电视或者玩手机。久而久之,孩子就会习惯孤独,习惯自己玩耍,习惯用电子产品打发时间,越来越不愿意出去。

缺少父母陪伴

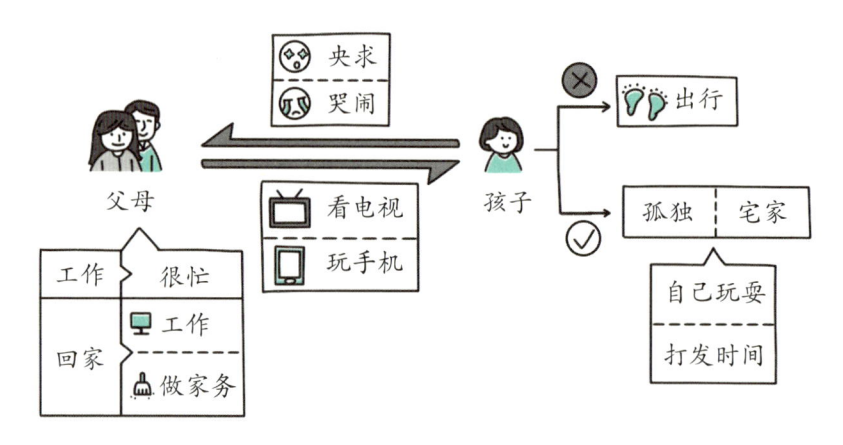

❋ 家庭氛围冷漠压抑

有些父母一心想着事业，在家里对孩子的关注度不够，在这样冷漠的家庭环境中成长的孩子，常常喜欢宅在家里。孩子常常表现得非常胆小、怕事，会因为没有人关心自己的喜怒哀乐，心里的委屈无法诉说而变得异常敏感、暴躁。

如果孩子此时正处于青春期，他就会格外在意自己在别人眼中的形象，还会把父母对他的态度延伸到其他人身上。如果父母很在乎他，他会觉得外部环境是安全的，周围人也会很友善，他就乐意走出家门；如果父母对他不够关心，他会觉得其他人不会在乎他、关注他，于是就把自己封闭在小小的房间里，通过虚拟的网络寻找安全感和满足感。由此可见，孩子不喜欢出门和家庭氛围有极大关系。父母有没有为孩子营造温馨友好的氛围？有没有遵循孩子的身心特点和孩子进行互动？这些都会影响孩子对外部世界的感知和判断，并最终决定孩子是否愿意走出家门，拥抱社会。

家庭氛围冷漠压抑

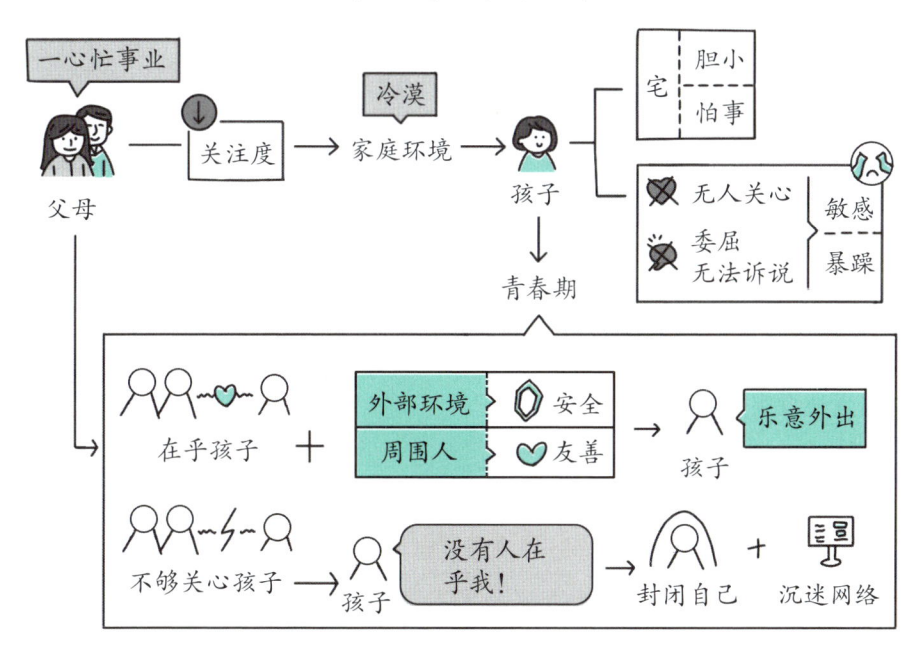

❋ 父母要多一些陪伴

当孩子喜欢宅在家里时，父母应反省一下，自己陪孩子的时间是不是太少了，为了操劳工作和家务，是不是忽视了孩子的内心需求。多抽些时间陪伴孩子，和孩子做亲子游戏、手工、美食，都是不错的选择。

如果父母喜欢外出，孩子也会受父母的影响。平时父母应该带着孩子多出去走走，扩大社交面，看看大自然。孩子在接触大自然的过程中，能够认识更多的新鲜事物，这对孩子的知识储备和身心发育都有好处，而且让孩子多感受外面的精彩世界，这样他就会减少宅在家里的时间。

父母要多一些陪伴

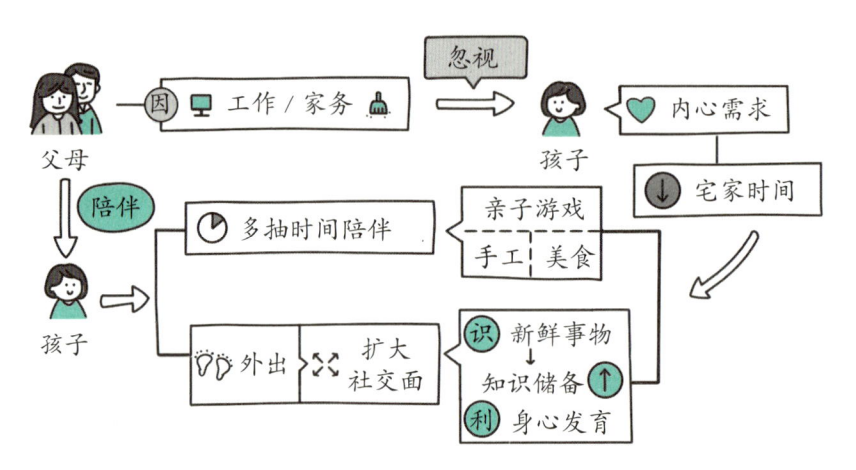

❋ 把孩子"请出"家门

如果孩子整天玩电脑游戏而不愿意出去玩，父母不妨陪孩子玩一些不需要用电脑的游戏，如扑克牌，开始先在家中玩，逐步带孩子到外面去玩。如果孩子爱看电视动画片，可以带孩子一起去电影院看。有时间的话，父母也可以多带孩子参观本地的文化场馆，如博物馆、科技馆等，从而让孩子真正了解自己的生活环境，去认识这个社会。

对于孩子来说，除了和父母一起玩，他更希望与同伴一起玩，所以父母也可以多鼓励孩子出去与小区的其他孩子交朋友。

把孩子"请出"家门

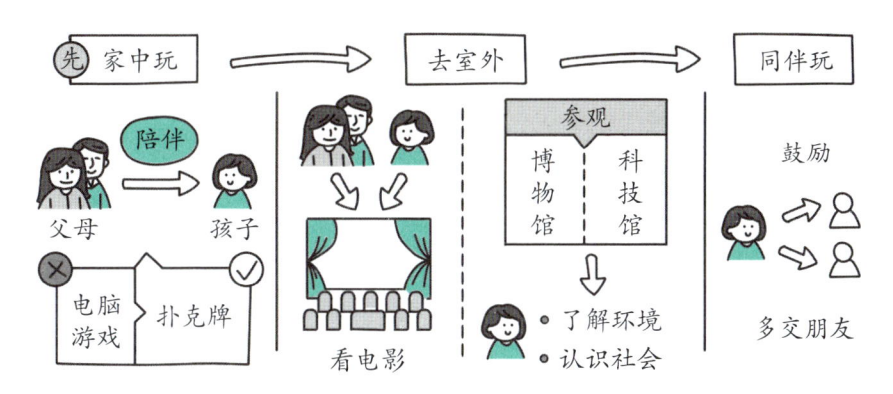

❋ 培养孩子的户外运动兴趣

生命在于运动，父母可以多带孩子出门运动，不仅可以锻炼孩子的体魄，还可以在运动过程中增进亲子关系。跑步、打球、游泳、跳绳都是不错的选择，也可以给孩子买辆自行车，周末带孩子出去骑车，或者和孩子一起进行体育比赛，这些都可以让孩子喜欢运动。一旦孩子喜欢上了运动，就不会长久在家待着了。如果刚开始孩子不情愿，那么父母可以在运动时长上有所设置，比如第一次只玩 30 分钟，第二次可以慢慢延长到 45 分钟，当孩子逐步体验到运动的乐趣时，他就会慢慢爱上户外运动。

培养孩子的户外运动兴趣

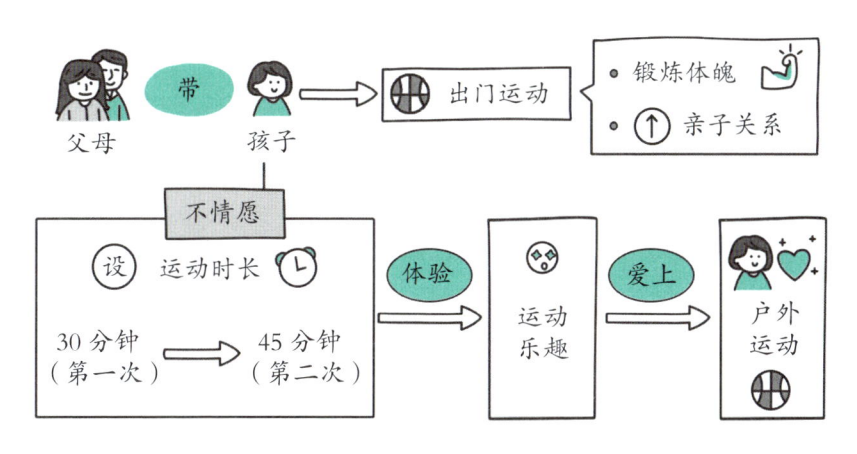

3 怎么听，孩子才愿意说

在亲子沟通中，我们不光要会说，还要会听。研究表明，在家庭成员各种沟通能力中，只有父母积极倾听，才能打开孩子紧闭的心门，改善亲子沟通的质量。

❋ 父母应该倾听什么

倾听的根本目的是倾听生命和呼应生命，但生命并非抽象的生命，它具体体现在各种欲望、需求、情感、思想、关系中。

孩子的欲望和需求。孩子在生活中的欲望和需求往往是通过声音表达出来的。它可能是一段诉说、一个句子或一个感叹词，也可能是一声呼喊或低声啜泣。对这些声音的倾听、理解和应答，就成了父母的重要任务。

孩子的情感。对孩子情感动向和状态进行细致入微的把握，并及时加以协调和引导，是优秀父母的重要标志。善于倾听的父母，能迅速准确地从孩子发出的各种声音中听出愤懑、悲伤、快乐和喜悦等情感，同时在言行上作出适当、及时的反应和调整。

孩子的思想。孩子不是思想的容器，只等待大人向里面灌输思想。孩子有自己的思想，这些思想可能只是些零碎的、简单的、幼稚的观念和看法，却构成了他未来发展的基础。

孩子与他人之间的关系。作为正在社会化的人，孩子的声音不再是纯粹自我的声音，也有自我与他人关系的反映。因此，父母的倾听对象是"具体的人"，倾听内容是这个"具体的人"与他人之间的关系。

父母应该倾听什么

1. 孩子的欲望和需求

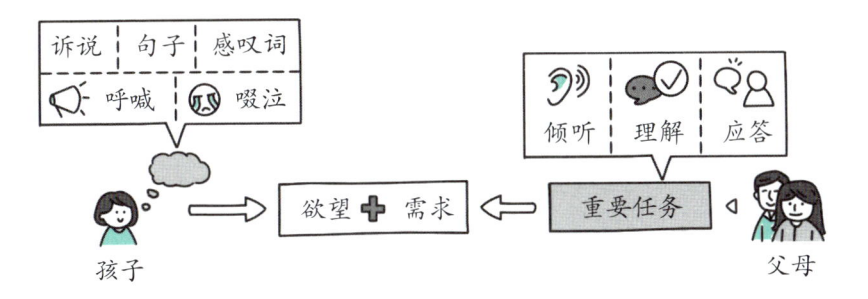

孩子：诉说 / 句子 / 感叹词 / 呼喊 / 啜泣 → 欲望 + 需求 ← 重要任务（倾听、理解、应答）：父母

2. 孩子的情感

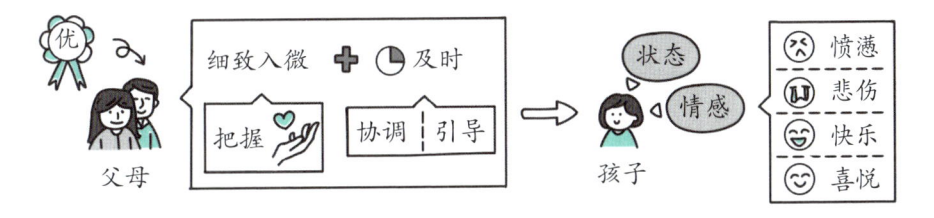

父母（优）：细致入微 + 及时，把握、协调、引导 → 孩子的状态、情感：愤懑、悲伤、快乐、喜悦

3. 孩子的思想

父母 ✗ 灌输思想 → 孩子 ✓ 自己的思想（零碎、简单、幼稚）→ 构：未来发展、基础

4. 孩子与他人之间的关系

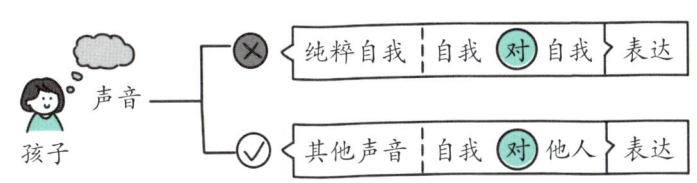

孩子的声音：
- ✗ 纯粹自我：自我 对 自我 表达
- ✓ 其他声音：自我 对 他人 表达

第 5 章　增强孩子与别人连接的能力

倾听后如何回应

我们在倾听孩子后，正确的回应顺序是：首先回应情感态度，其次回应认知观念，最后回应事情本身。任何一次亲子沟通，我们都要经过"了解—理解—接纳—引导"的过程，只有当我们把孩子的话听完，了解事情的来龙去脉时，我们才可能站在孩子的立场上去理解他，对孩子产生共情，进而接纳他，允许他有消极的情绪和不好的态度，允许他对事情的理解有偏差，然后引导他解决问题。

倾听后如何回应

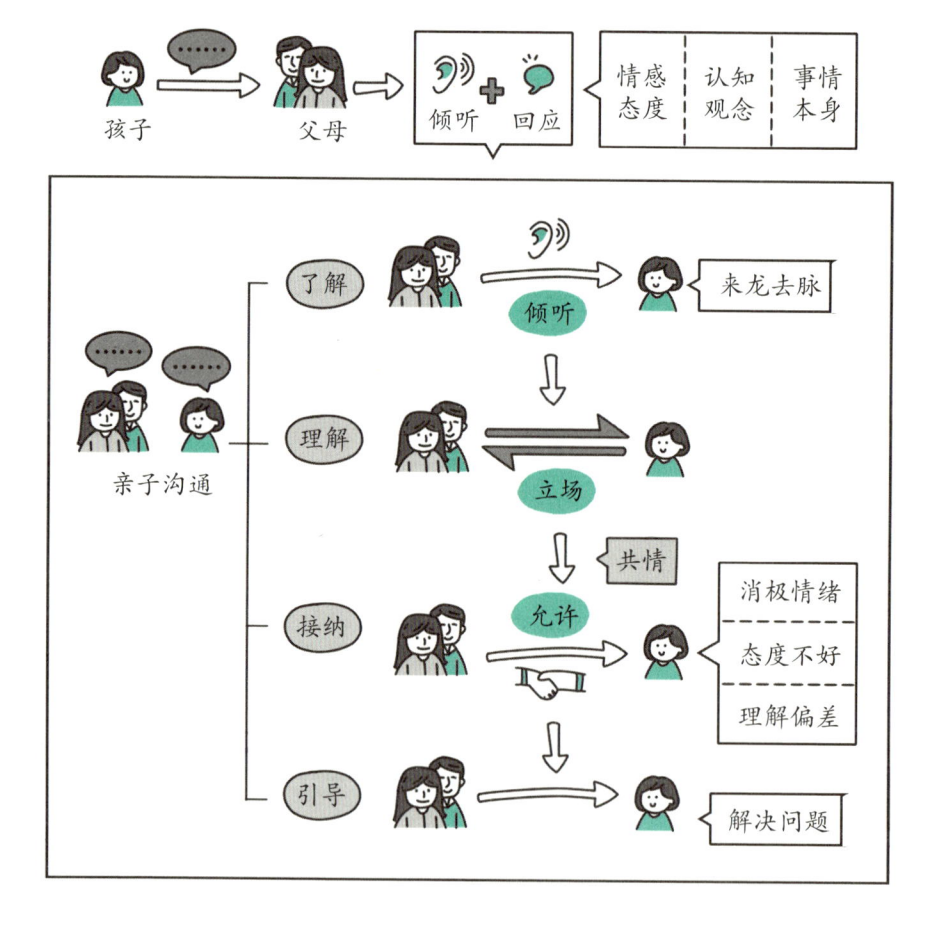

遗憾的是，很多时候我们回应的顺序是颠倒的：先分析事情，习惯站在自己的角度去分析孩子的问题，还有意识地改变孩子对这件事情的体验，对他一顿说教，否定他的认知和情感，试图让他产生某种符合我们预期的认知和观念。如孩子在诉说一件很委屈的事，我们一听就发火，不分青红皂白地责骂孩子，当孩子还没有把事情说完时，我们就打断孩子，也不去了解事情真正的缘由。我们的反应会让孩子有种不被重视和不被理解的感觉，久而久之，亲子之间的沟通就会出问题，也会使孩子失去自信心，产生逆反心理。

在孩子说话的时候，我们不要打断孩子或漫不经心，应该放下手头的事情专心地聆听孩子说话。我们和孩子沟通时表现出积极的态度，会让孩子觉得我们很在意他，孩子感受到了尊重和鼓励，也会愿意说出自己心里的感受，倾诉心中的烦恼。此时我们再去对孩子错误的行为进行分析和纠正，效果就会事半功倍。

❀ 回应的小技巧

重复法。孩子向我们倾诉时，我们要不断重复并确认他的感受。比如说："你感到非常难过，是吗？""这件事让你很生气，对吗？"此时我们不需要讲道理、给建议，更不需要否定他的感受。我们不停地这样回应，孩子就会慢慢敞开心扉，向我们倾诉最深层次的情感。

使用积极的肢体语言。有时候，即使我们还没来得及开口，我们内心的想法也会透过肢体语言表现出来。当孩子向我们倾诉时，如果我们表现得很感兴趣，放下手中的事情，安静地听孩子说，孩子受到鼓舞后也会主动坦白心声。自然的微笑，没有交叉双臂，身体稍微前倾，常常看对方的眼睛、点头，这些积极的肢体语言会让亲子间的沟通更顺畅，也更高效。

4 孩子早恋，父母这么做才科学

步入青春期的孩子，随着生理发育的成熟，会对异性产生好奇与好感，想多接触、了解对方，进而可能产生爱慕之情，这本属于一种正常的心理现象，但父母和学校老师都比较紧张，觉得孩子和异性交往会有早恋倾向，这样会影响学习，应该禁止。

❋ 青春期的异性交往发展规律

要想准确判断孩子是否早恋，我们要先了解青春期孩子的异性交往发展规律。青春期孩子会经历异性疏远期（9～10岁）、异性吸引期（11～13岁）、异性眷恋期（14～17岁）、选择配偶期（18岁之后）这四个阶段。

异性疏远期：在9～10岁出现，持续时间是1～2年。这个时期由于身体第二性征的出现，如女孩乳房开始发育，男孩出现阴毛，孩子不想让别人发现自己身体的变化，就会有意躲避、疏远异性。

异性吸引期：在11～13岁出现，持续时间是2～3年。孩子对异性开始产生好奇和好感，渴望与异性交往，参加有异性的集体活动，并在群体中寻求喜欢的异性，结交有共同话题的异性好友。爱情的萌芽也会在这个时间段萌发。

异性眷恋期：在14～17岁出现，经过异性吸引期，孩子有了喜欢的异性，渴望与其单独相处，享受相互依恋的感觉。

选择配偶期：孩子在18岁之后，经历了之前的异性交往，会自然进入选择配偶阶段。

这四个阶段并没有严格的时间界限，但前后顺序基本保持一致，这是青春期孩子异性交往的基本规律，不会因外力干涉而改变。

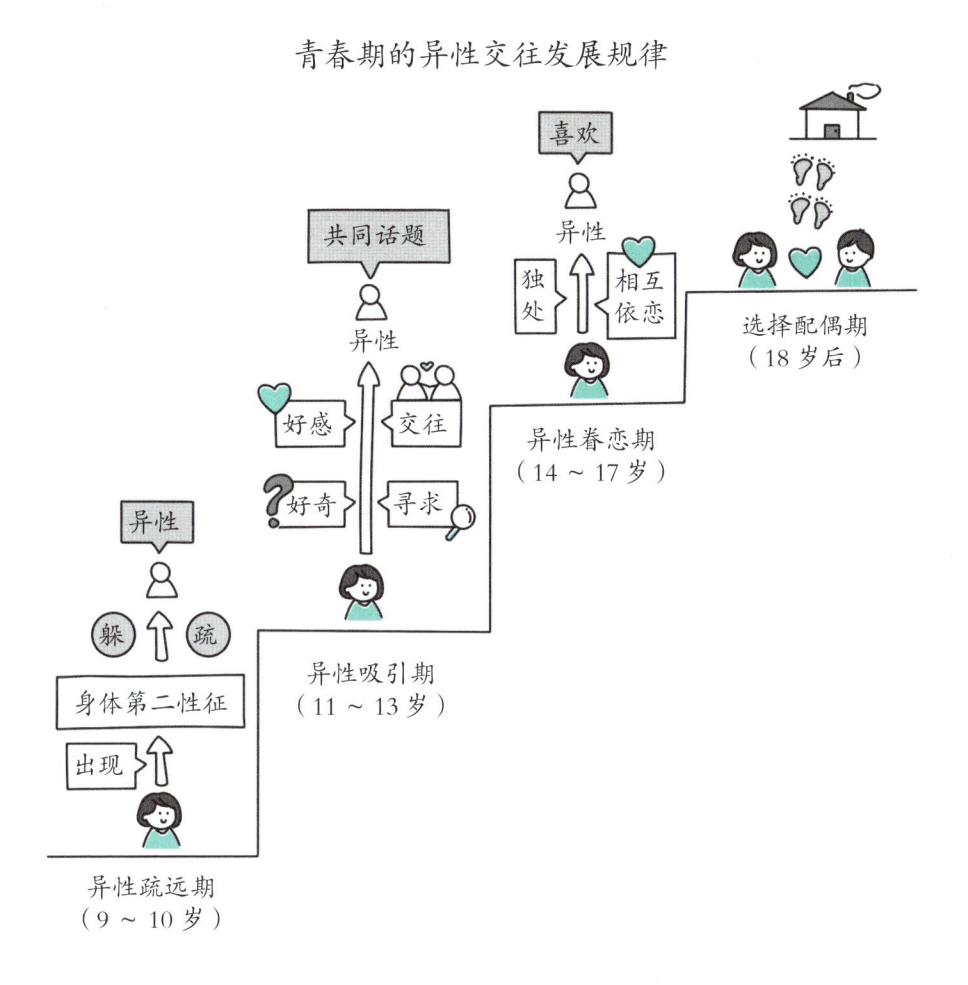

青春期的异性交往发展规律

- 异性疏远期（9～10岁）：身体第二性征出现，躲、疏，异性
- 异性吸引期（11～13岁）：好奇、寻求、好感、交往，共同话题，异性
- 异性眷恋期（14～17岁）：独处、相互依恋，喜欢，异性
- 选择配偶期（18岁后）

✿ 改变认知，引导孩子

作为父母，我们要正确看待男女交往的问题，要及时更新认知，学会与时俱进，不要总是停留在自己的年代里或者自己的思维世界中。异性交往是一个正常的过程，孩子若对异性产生爱慕和眷恋，父母不尊重孩子的发展规律而一味地禁止，可能会引发孩子的叛逆心理，亲子关系也会由此恶化。

其实青春期的异性交往，对孩子健全人格的形成和成年之后亲密关系的建立是很有帮助的。异性交往，意味着孩子要学会对异性的尊重和爱护，责任和义务，要做到自尊、自爱、自重、把握分寸，同时要学会区分友情与爱情的界限，了解爱情的含义。

如果孩子不知道怎么与异性交往，父母应该及时给出建议。父母可以坦诚地和孩子交流与异性交往的话题，不必有什么忌讳。凡是孩子感兴趣的，都可以和孩子讨论，必要时也可以从专业书籍或专家那里寻求帮助。同时父母要与孩子协商约定与异性交往的具体规则，提醒孩子学会自律。

改变认知，引导孩子

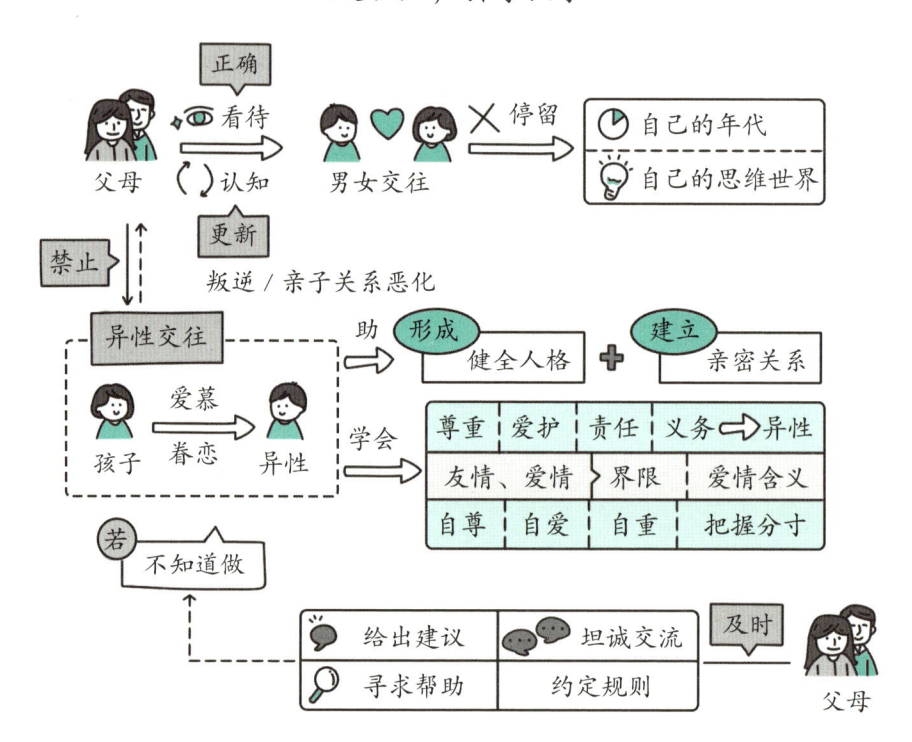

❀ 给孩子足够的爱

心理学家指出，爱不仅仅是一种情感，它还是一种能力。如果父母一味地压制孩子心中的情感，更会激发孩子的逆反心理。这个时候父母需要做的不是打骂和指责，而是要先反省自己，是否给予孩子足够的关心和温暖。

有些父母对孩子的情感关怀是缺失的。当孩子缺失父爱或母爱时，而没有人及时地关注和引导他，孩子可能会把这种情感需求转移到异性身上。这就提醒父母，要给孩子充足的爱。平时多关心、倾听孩子，多与孩子沟通，让孩子觉得自己是有人爱的，不是孤独的。当孩子把父母当作自己的朋友，什么心里话都愿意和父母说时，早恋的危害就不会那么严重了。

同时父母要全面关注孩子的成长，可以多组织一些家庭活动，增进与孩子之间的感情；或者引导孩子多看一些书，丰富自己的业余生活，陶冶情操。这样既能够避免孩子过多从外界寻求关怀与理解，也可以有效转移孩子对早恋的注意力。

给孩子足够的爱

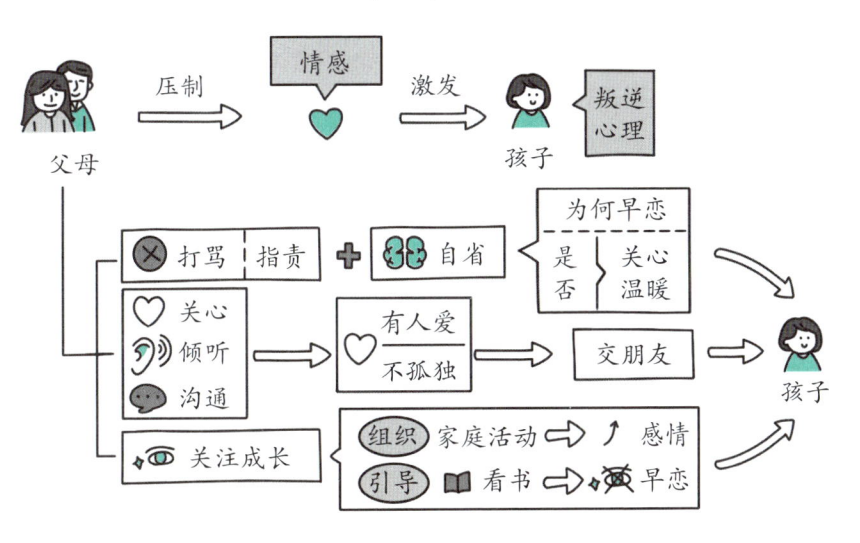

5 当孩子有情绪时

我们每个人都有自己的情绪，但每个人的情绪并非都是一样的。婴儿不需要大人教就会发怒、害怕和高兴，可以说情绪是人类遗传的一部分。很多孩子到了一定年龄之后，就会出现情绪失控的情况，不管父母怎么劝阻，他们还是无法控制自己的情绪，只想把心中的怒火与委屈一个劲儿发泄出来。为了让孩子尽快冷静下来，很多父母通常都会服软，选择满足孩子的要求，这就涉及父母"元情绪"理念。

❋ 父母"元情绪"理念

父母"元情绪"理念是指父母对待自己和孩子的情绪教养理念，即父母面对孩子情绪表现时所产生的一组情绪、行为、态度与理念等反应模式，包括父母对孩子情绪的觉察、接受、原因的了解、沟通、处理与教导等方面的认知和反应。面对孩子情绪失控，父母可能产生四种"元情绪"。

第一种：**情绪教导型**。这类父母很擅长观察孩子的情绪，也能接受并尊重孩子各种各样的情绪。一旦发现孩子心情不好，他们会主动和孩子讨论情绪发生的来龙去脉，并安抚与引导孩子如何应对负面情绪。

第二种：**情绪消除型**。这类父母看到孩子情绪失控时，会强制性地要求孩子停止哭闹，不允许孩子有脾气，甚至还会用一些威胁性的话来吓唬孩子。这类父母的情绪比较暴躁，看到孩子生气，他们会更加生气。

第三种：**情绪忽视型**。这类父母看到孩子哭闹时，不予理睬。他们不在意孩子的情绪，也不觉得被外人看到会丢了面子。这并不是父母不爱孩子，而是他们觉得冷处理是最易解决孩子哭闹问题的方法。因为在他们看来，父母不给孩子强化，不给孩子过度关注，时间长了，孩子自然就知道哭闹并不能达到自己的目的。

第四种：情绪失控型。这类父母的情绪很容易被别人的情绪带动，当孩子哭泣时，父母的眼泪也会跟着流下来。看上去是和孩子共情，但这时候是不合适的。父母要做的是找到合适的解决办法，让孩子不再哭泣，而不是跟着孩子一起哭。

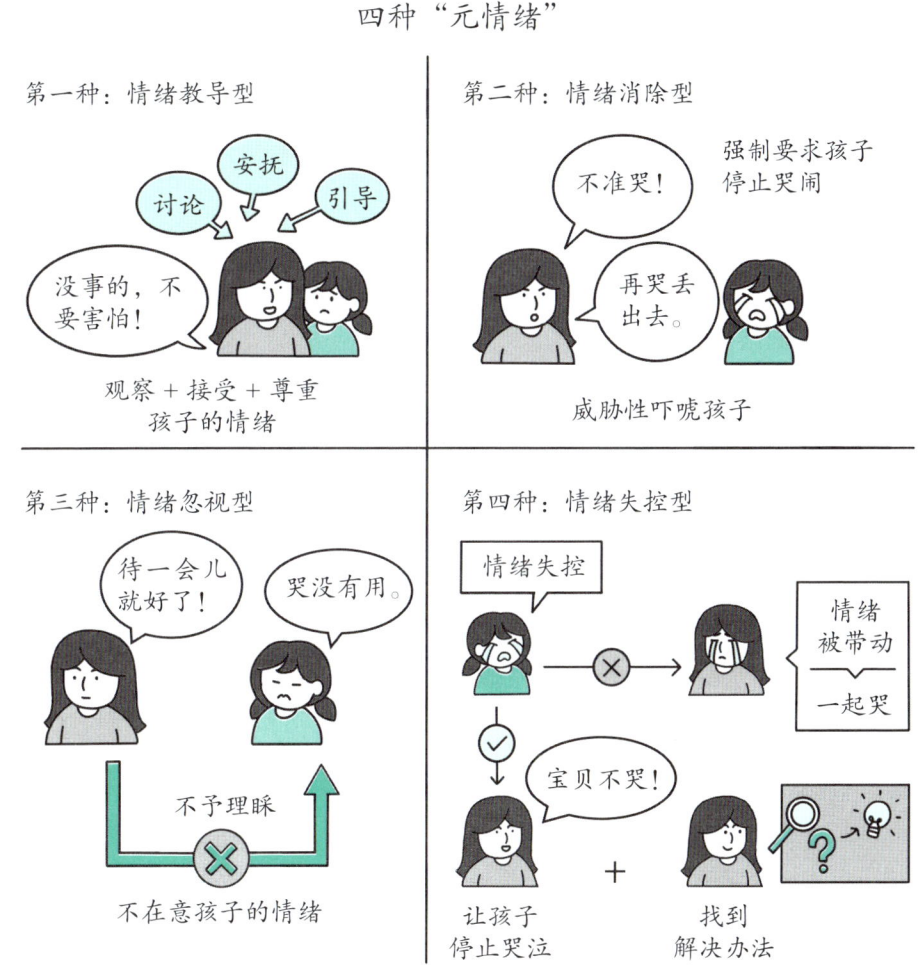

四种"元情绪"

第一种：情绪教导型
讨论　安抚　引导
没事的，不要害怕！
观察 + 接受 + 尊重 孩子的情绪

第二种：情绪消除型
不准哭！
强制要求孩子停止哭闹
再哭丢出去。
威胁性吓唬孩子

第三种：情绪忽视型
待一会儿就好了！
哭没有用。
不予理睬
不在意孩子的情绪

第四种：情绪失控型
情绪失控
情绪被带动 一起哭
宝贝不哭！
让孩子停止哭泣 + 找到解决办法

父母的"元情绪"影响着孩子的成长。孩子会模仿父母处理情绪的方式，如果父母建构积极的"元情绪"，孩子情绪调控的认知与方法也会更加健康与积极。如果孩子的消极情绪被父母消除，没有得到合理的对待，孩子管理情绪的能力就会相对较弱，与父母和同伴的互动也会表现出更多的压抑与逃避。

❀ 合理应对孩子的情绪

孩子在成长当中一定会有各种各样的情绪，关键是父母在面对孩子的情绪时能不能管理好自己的情绪，做到不慌乱、不忽视。那父母具体应该怎么做，才能达到情绪教导的目的呢？

首先，接纳孩子的情绪。孩子的每一种情绪都应该得到父母的理性对待，父母只有先接纳孩子的情绪，才能引导孩子说出背后的原因。孩子受委屈时，能将心中的不快宣泄出来，这是件好事。此时只要孩子的言行不要太过分，父母都应该接受，允许孩子适当地哭闹。之后，父母要好好地去安慰孩子，设法使孩子的情绪在爆发后逐渐平静下来。

其次，了解让孩子产生情绪的原因。当孩子有情绪时，父母要及时了解原因，当孩子情绪平静下来后，父母可以让孩子把事情的来龙去脉说一遍，一定要让孩子主动诉说，当孩子提及自己的感受时，鼓励孩子说出为什么会有这样的感受。仔细聆听后，父母要心平气和地给孩子分析，引导孩子多角度地看待问题。

再次，站在孩子的角度考虑问题。可能在父母看来，那些让孩子情绪崩溃的都是小事。有时候父母还会特别不耐烦，甚至觉得孩子是没事找事，故意和自己对着干。其实父母只要试着站在孩子的角度去考虑问题，就会明白孩子的感受。孩子的世界简单，认知与经历比不上成年人，可能只是衣服被弄湿了，都会让他们哇哇大哭。

最后，让孩子学会调节情绪。孩子在成长路上，遇到困难、挫折是在所难免的，我们做父母的要提高孩子的心理成熟度，让孩子合理调节自己的情绪，而不是让孩子一味地大哭大闹或是满脸委屈。那些情绪调节能力好的孩子，他们适应社会的能力会比较强，在人际关系中也会表现良好。

合理应对孩子的情绪

首先，接纳孩子的情绪

理性对待　接纳
哭出来，没关系的！

· 允许哭闹
· 安慰孩子

其次，了解让孩子产生情绪的原因

可以告诉妈妈发生了什么事吗？
妈妈，事情是这样的……

· 及时了解原因
· 鼓励说出感受
· 心平气和分析
· 引导多角度看问题

再次，站在孩子的角度考虑问题

呜呜呜，衣服都湿了！

✗
· 这是小事
· 没事找事

✓
· 孩子的世界简单
· 父母要学会感同身受

最后，让孩子学会调节情绪

你可以这样处理……
我遇到困难……

心理成熟度 ⬆　情绪调节能力 ⬆
适应社会能力 ⬆　人际关系 ⬆

6 怎么说，孩子才愿意听

不少父母一脸沮丧地问我："为什么孩子就是不听话，总喜欢跟我对着干？"这句话的背后是父母深深的挫败感和无奈。其实，不是孩子不听话，而是我们说话的方式出了问题。父母怎么说孩子才愿意听呢？

❋ 五种沟通模式

沟通是人与人的联结，是与人交往的桥梁。萨提亚认为家庭中有五种沟通模式：讨好型、指责型、超理智型、打岔型和表里一致型。

讨好型：他们很难把自己和他人放在平等的位置上。在言语上，他们倾向于同意他人，在行为上，他们对他人好得过分，常把他人的不开心归因于自己身上，总是委曲求全。他们的心理是不太健康的，缺乏自信，认为自己很渺小。

指责型：常常忽略他人，习惯攻击、批判、推卸责任。"你是怎么搞的"是他们的口头语。实际上他们内心很无助，想让他人认为自己是强大的。

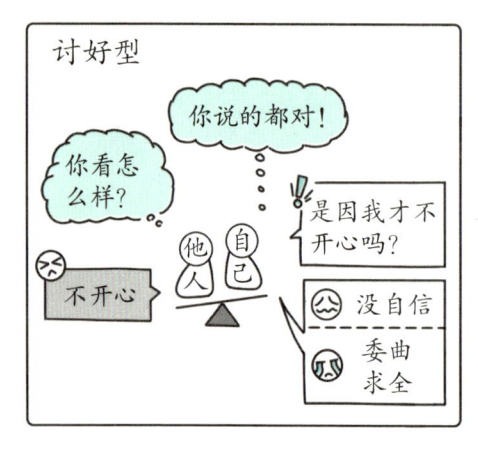

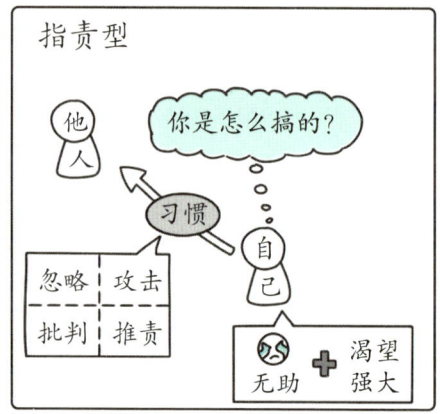

超理智型：极端客观，只关心事情合不合规，是否正确，总是逃避与个人或情绪相关的话题。他们常常告诫自己"遇事一定要冷静，不能慌乱"，看上去很理性，实际上内心有一种空虚和疏离感。

打岔型：永远抓不着重点，习惯插嘴和干扰，不直接回答问题。他们内心焦虑，不被人关注，经常做一些不合时宜的举动，想要吸引他人的注意，往往显得心烦意乱，不安定。

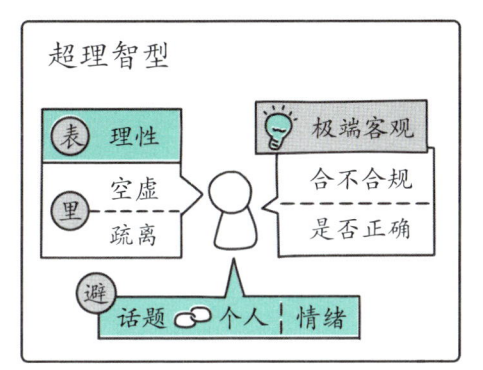

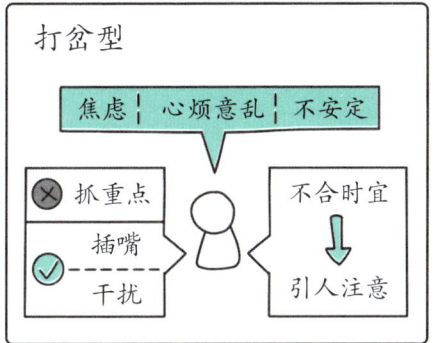

表里一致型：这是一种良好的、健康的沟通模式。既不会贬低自己，也不会抬高自己，能把自己放在一个合适的位置上聆听、回复他人，使他人感到被尊重的同时也让自己满意。他们情绪稳定，虽有时惶恐，但仍充满勇气和信心。他们愿意承担风险，勇于承担责任，爱自己也爱他人。

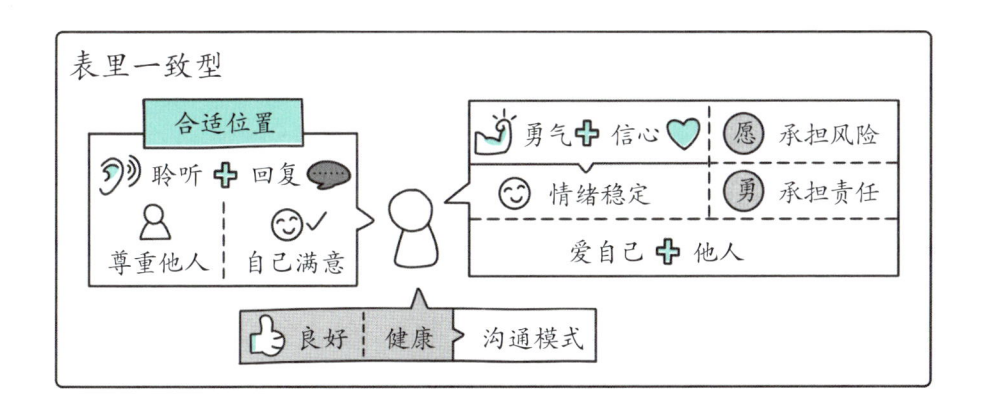

❋ "七个不"沟通原则

要想达到表里一致型沟通的效果,在平时的亲子交流中,我们需要遵循"七个不"沟通原则。

不说教。我们在和孩子互动的过程中,不要用陈旧的思想观念来对孩子说教,说教多了,孩子会感受到自己不被尊重和认可。我们要尊重孩子,给予孩子发言权,孩子有自己的想法和节奏,我们不能用成人的标准去要求孩子,我们能做的就是等待他按照自己的方式成长,必要的时候给他关注、支持、理解和尊重。

不分析。当我们试图主观分析事情的来龙去脉时,孩子是非常抗拒和抵触的,感觉自己受到了侵犯。在这种情绪下,孩子怎么会愿意听呢?如果我们只向他描述问题,把精力集中在问题本身,孩子也就容易听出问题是什么,该怎么解决了。当孩子陷入困境时,偶尔的简短提示,是最合适不过的。

不辩解。当我们答应孩子的事情没有做到时,我们往往会辩解:"公司要求加班""身体不舒服""天太热了"等。我们过多地解释,其实是一种逃避,也是不真诚的表现。现在的孩子都非常聪明,如果我们不真诚,相信孩子能感受到,我们应付孩子,孩子也会应付我们。当然,如果我们真心为孩子着想,孩子也是能感受到的。教育孩子最好的方式是以身作则,如果我们想要孩子成为真诚的人,就不要当他的反面教材。

不建议。很多父母都以为,作为"过来人",自己的建议是正确的,快速提出正确建议,可以帮助孩子快速渡过难关、节约时间、少走弯路、少受伤害,但孩子的感受系统和父母的感受系统有一些不同。比如说看问题,他有自己的看法,也许看法不成熟,但我们不能因为他的看法不成熟,就强制他接受我们的看法,这是不行的。我们直接提出建议的同时,也表明了我们对孩子的否定,这会给孩子带来压力。

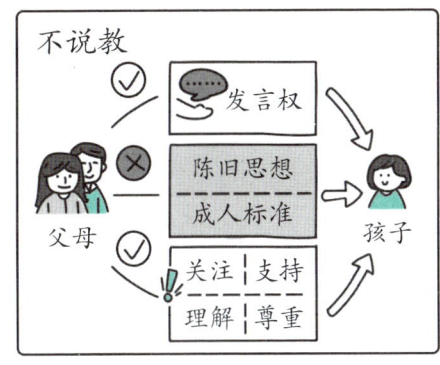

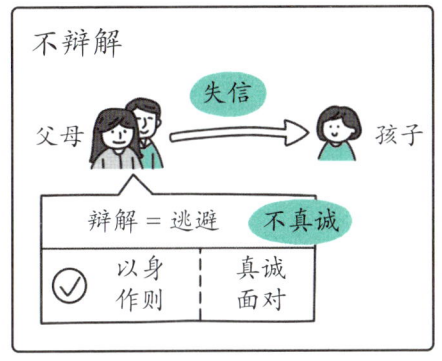

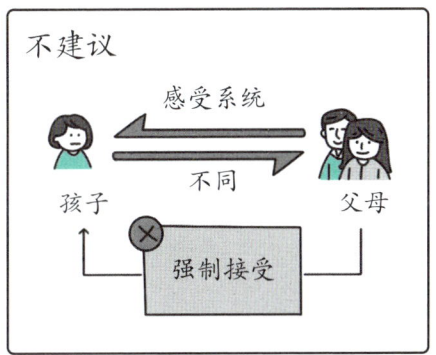

不抱怨。有些父母会经常在孩子面前抱怨工作、生活，甚至抱怨亲戚朋友。这样做短时间内看不出对孩子有什么影响，但这些抱怨会植入孩子的心里，久而久之，对孩子的人格、性格、心智等会造成巨大的影响。孩子会对未来失去信心与希望，在潜移默化中也学会抱怨。作为父母，对待生活要有积极乐观的态度，虽然工作繁忙，照顾家人很辛苦，但不要在孩子面前抱怨。

不唠叨。不管是哪种唠叨，其结果都会增加孩子的心理压力，让孩子感到不被信任，甚至会对父母产生反感和厌恶，有的还会因此大发脾气。父母要练就一种功夫，就是管住自己的嘴。有些必要的嘱咐，最好"说一不二"，即说了一遍之后，不重复第二遍。当父母发现一个问题，迫不及待地要向孩子唠叨时，不妨变唠叨为倾听，把自己要说的内容变成提问，让孩子说说，倾听孩子的想法，也是拉近亲子关系的重要一步。

不威胁。有时候我们会被孩子气得跺脚，忍不住威胁他："不许哭！再哭的话一个星期都不准出去玩！""你再不写作业，今天晚上别想吃饭了。""你再不停下，我可就走了。"对于有屈服倾向的孩子来说，很多时候威胁真的会奏效，一威胁孩子，他就立马听话了，但经常威胁孩子会降低他的自尊自信，阻碍独立人格的形成。对于天生就有反抗精神的孩子，威胁更是起不到积极的作用，父母越是威胁他，他越想挑战父母的底线。与其威胁，不如转换策略，改用淡定和积极的态度对待孩子的问题，如果父母多肯定和鼓励他做得好的地方，他就会做出更多正面行为。

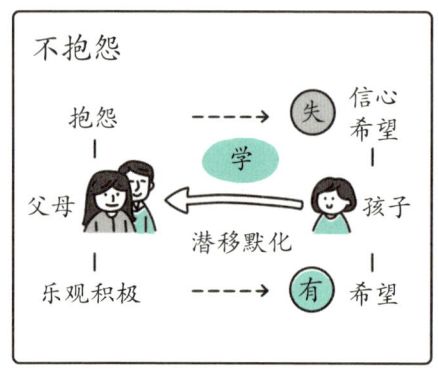

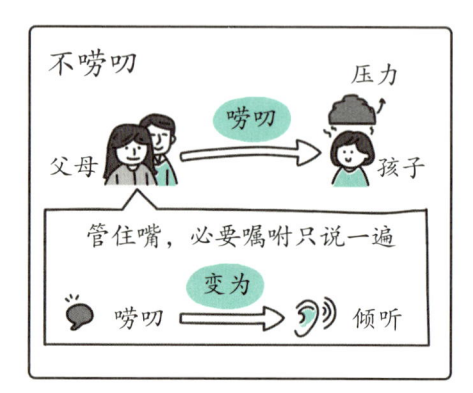

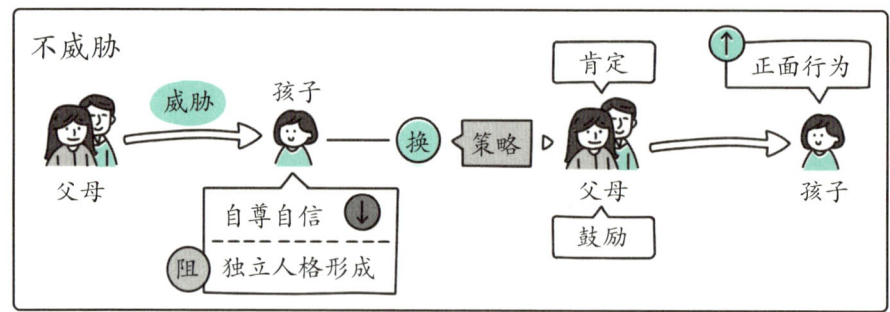

我相信，在清楚地了解了五种沟通模式和"七个不"沟通原则之后，我们与孩子的沟通质量一定会得到提高，亲子关系也会得到改善。